TURING 图灵程序设计丛书

U0118785

CPython Internals: Your Guide to the Python 3 Interpreter

CPython
设计与实现

［英］安东尼·肖（Anthony Shaw）◎著

史海 赵羽 陈啸 李俊辰 ◎译

人民邮电出版社

北　京

图书在版编目（CIP）数据

CPython设计与实现 / （英）安东尼·肖
(Anthony Shaw) 著；史海等译. -- 北京 ：人民邮电出
版社，2024.6
　（图灵程序设计丛书）
　ISBN 978-7-115-64526-5

　Ⅰ．①C… Ⅱ．①安… ②史… Ⅲ．①软件工具—程序
设计 Ⅳ．①TP311.561

　中国国家版本馆CIP数据核字(2024)第109796号

内 容 提 要

　　大模型的出现让 AI 技术经历了从量变到质变的过程，而 Python 作为 AI 首选语言，一直默默推动着 AI 技术的快速发展。你是否想过，这是为什么呢？答案就藏在 CPython 中！CPython 是用 C 语言实现的 Python 解释器，它是 Python 的官方实现，并且是使用最广泛的 Python 解释器。其实在谈论 Python 的时候，99% 的情况说的就是 CPython！本书共 16 章，从获取 CPython 源代码开始，手把手带你重新编译 CPython，我们将一起调试代码、升级组件，在这个过程中，你可以详细了解 Python 各类特性的工作原理，成长为一名更棒的 Python 程序员。

　　本书适合中高级 Python 开发人员阅读。

◆ 著　　　　[英] 安东尼·肖（Anthony Shaw）
　　译　　　　史　海　赵　羽　陈　啸　李俊辰
　　责任编辑　张海艳
　　责任印制　胡　南

◆ 人民邮电出版社出版发行　　北京市丰台区成寿寺路11号
　　邮编　100164　电子邮件　315@ptpress.com.cn
　　网址　https://www.ptpress.com.cn
　　三河市中晟雅豪印务有限公司印刷

◆ 开本：800×1000　1/16
　　印张：17.5　　　　　　　　2024 年 6 月第 1 版
　　字数：391千字　　　　　　2024 年 6 月河北第 1 次印刷
　　著作权合同登记号　图字：01-2023-3336 号

定价：99.80元
读者服务热线：(010)84084456-6009　印装质量热线：(010)81055316
反盗版热线：(010)81055315
广告经营许可证：京东市监广登字 20170147 号

版权声明

读者评价

这是多年前在我开始 Python 之旅时就希望拥有的一本书。读完这本书后，你的技能将会提高，甚至能够解决更复杂的问题，从而改善我们的世界。

—— Carol Willing， CPython 核心开发者、CPython 指导委员会成员

这本书中的"并行和并发"（第 10 章）是我最喜欢的内容之一。我一直想深入了解这个话题，我发现安东尼的书对我非常有帮助。

当然，在读完这部分内容后，我已经爱不释手了。我急切地期待拥有一本正式发行的书。

我之前已经浏览了安东尼的"CPython 源代码指南"系列文章，这让我想了解更多的 CPython 内部实现。

市面上有很多教授 Python 语言的图书，但我还没有真正遇到一本可以让我向那些好奇的人解释其内部设计及实现的书。

当我在教我女儿 Python 语言的时候，我把这本书加到了她的必读书单里。她目前在佐治亚州立大学学习信息系统。

—— Milan Patel，一家大型投资银行副总裁

我对安东尼的这本书印象最深刻的是，它将更改 CPython 代码库的所有步骤都放在了能让初学者循环渐进行学习的目录中。这真的就像是一本"遗失的手册"。

深入研究 Python 中的 C 语言基础很有趣，它解答了一些长期困惑我的问题。我发现书中关于"CPython 内存分配器"（第 9 章）的讲述对我特别有启发性。

对任何希望将 Python 语言知识提升到更深层次的人来说，这本书都是一个优秀且独特的学习资源。

—— Dan Bader，*Python Tricks* 作者、Real Python 主编

这本书帮助我更好地理解了 Python 语言中的词法分析和解析。如果你想理解它，这本书是我强烈推荐的学习资源。

—— Florian Dahlitz，Python 爱好者

对 Python 初学者和高级用户来说，这本书以一种易于理解的方式介绍了 Python 的内部设计及实现，令人惊讶的是，关于这个主题，目前几乎没有太好的学习资源。

—— Abhishek Sharma，数据科学家

我的前同事张翔（Python 语言核心开发者）分享的 Python 实现细节，让我萌生了要好好探究一番 Python 语言的设计与实现的想法。但当时我能参考的图书仅有电子工业出版社于 2008 年出版的《Python 源码剖析》，凭借这本"远古"图书和相关源代码，外加两年的业余时间，我才基本消化完 Python 语言的设计与主要实现逻辑。

后来，我在 Python 社区上看到安东尼写的一系列讲解 Python 语言实现的文章和本书的英文版后，感觉本书内容非常完整和详细，作为国内 Python 程序员的参考图书应该是足够的，于是萌生了翻译英文版的想法。

近几年，大语言模型的出现让 AI 技术经历了从量变到质变的过程，作为一门通用语言，Python 以简单易用的优势默默地推动着 AI 技术的快速发展。而 AI 技术的发展反过来也在影响着 Python 语言的演进。希望 Python 语言在未来的 50 年继续为世界的发展做出更大的贡献。

—— 史海，Python 语言组成员

关于作者

安东尼·肖是一个狂热的 Python 爱好者，也是 Python 软件基金会的成员。

安东尼 12 岁时就开始编程，15 年后，他在一次被困在华盛顿州西雅图的一家酒店时，爱上了 Python。在抛弃了所学的其他语言后，安东尼一直围绕 Python 做研究、写作和创建课程。

安东尼还为包括 CPython 在内的小型和大型开源项目做出了贡献，同时他也是 Apache 软件基金会的成员。

安东尼擅长理解复杂的系统，然后简化它们，并教给其他人。

序

由社区创建的编程语言提升了世界各地用户的幸福感。

——Guido van Rossum，出自"国王节演讲"

我喜欢构建工具，这可以帮助我们去学习，赋予我们能力去创造，并推动我们与他人分享知识和想法。当我听到这些工具和 Python 是如何帮助大家解决现实世界中诸如气候变化、阿尔茨海默病之类的问题时，我会感到谦卑、感激和自豪。

鉴于 40 年来对编程和解决问题的热爱，我花了大量时间来学习、写了很多代码，并与其他人分享了我的想法。随着世界从大型机到手机服务再到网络和云计算的转变，我看到了技术的深刻变化。所有这些技术（包括 Python）都有一个共同点。

曾几何时，这些成功的创新只不过是一个想法。像 Guido 这样的创造者，必须冒着风险且充满信心才能向前迈进。我们秉持奉献精神，在试错中学习，并在多次失败中共同努力，为成功和成长奠定了坚实的基础。

这本书将带你踏上探索主流编程语言 Python 的旅程、指导你了解 CPython 内部的运作原理，并让你一睹核心开发人员如何精心创造语言。

Python 的优势不仅包括可读性好，还包括致力于赋能的友好社区。安东尼在解释 CPython 时认可了这些优势，他鼓励我们阅读源代码，并与我们分享了语言的组成模块。

为什么我想和你分享安东尼的这本书呢？这是我多年前开始 Python 之旅时就希望拥有的书。更重要的是，我相信，作为 Python 社区的成员，我们有一个独特的机会将我们的专业知识付诸实施，以此来解决我们所面临的复杂的现实世界问题。

我相信，读完这本书，不仅你的技能会增长，而且你将能够解决更复杂的问题，从而改善我们的世界。

我希望安东尼能激励你更多地了解 Python、鼓舞你构建创新的东西，并让你有信心与世界分享你的创作。

做优于不做。

—— Tim Peters，《Python 之禅》作者

让我们跟随 Tim 的智慧，现在就开始吧。

—— Carol Willing， CPython 核心开发者、CPython 指导委员会成员

前　言

你是否也觉得，Python 的某些功能看起来像"魔法"一样神奇？比如查找 items 的时候，为什么用字典比在列表上循环要快得多？在生成值的时候，迭代器是如何记住每一个变量的状态的？为什么不需要像对待其他语言那样分配内存呢？

这些问题的答案就藏在 CPython 中，它是用人类可读的 C 语言代码和 Python 代码编写而成的目前最流行的 Python 运行时。

CPython 对底层 C 语言平台和操作系统的复杂度做了提炼，使线程变得更加简单，并且能够跨平台应用。同时，它减轻了 C 语言中内存管理给开发者带来的痛苦，并使其变得非常简单。

可以说，CPython 为 Python 程序员提供了一个编写可扩展及高性能应用程序的平台。在你作为 Python 开发者的某一个阶段，你需要理解 CPython 是如何工作的。这些抽象并不是最完美的，甚至存有瑕疵。

本书将介绍 CPython 的基本概念、设计思路和技术原理。理解了这些，你就可以充分利用 CPython 强大的能力来优化你的应用程序。

在本书中，你将学习 CPython 背后的主要概念，并学会如何：

❑ 阅读和浏览源代码；
❑ 从源代码重新编译 CPython；
❑ 修改 Python 语法并重新编译 CPython 版本；
❑ 浏览并理解列表、字典、迭代器等特性的内部工作原理；
❑ 对 CPython 的内存进行管理；
❑ 通过并行和并发来扩展 Python 代码；
❑ 给核心类型添加新功能；
❑ 运行测试套件；
❑ 对 Python 代码和运行时的性能进行分析和基准测试；

❑ 像专家一样调试 C 语言代码和 Python 代码；

❑ 编译或升级 CPython 库中的组件，让它们为你的应用程序做贡献。

快来跟着本书学习吧！花点儿时间理解每一章的内容并尝试各个演示，互动内容也不要放过。当你掌握 CPython 的核心概念时，你会非常有成就感，这将使你成为一名更好的 Python 程序员。

如何使用本书

这是一本边学边练的书，所以需要你阅读说明、下载源代码并编写示例来配置好你的 IDE 工具。

为了达到最佳学习效果，建议你不要直接复制、粘贴代码。本书中的很多示例经过多轮迭代才得到正确结果，不过它们可能仍包含各种潜在的 bug（错误）。

犯错并学会修复错误也是学习过程的一部分。也许在学习过程中你会发现更好的办法来实现这些示例，大胆尝试修改它们，看看有什么效果吧！

相信只要经过充分练习，你就会掌握这些内容，并在这个过程中获得乐趣。

本书对 Python 语言技能的要求

本书面向中高级 Python 开发者。在尽可能展示代码细节的同时，会将中级的 Python 技术贯穿始终。

本书对 C 语言技能的要求

无须精通 C 语言即可使用本书。如果你对 C 语言不熟悉，可以查看一下附录内容，以获得快速介绍。

读完本书要多久

不建议匆忙读完本书。可以每次阅读一章并动手完成示例，同时探索代码。读完本书后，你仍可以将其作为一本很好的参考指南，遇到问题时随时翻阅。

本书内容会不会很快过时

自"诞生"之日起，Python 已经存在 30 多年了，CPython 的某些部分在最初被编写出来后就没有修改过，而本书中涉及的许多原则也已经存在 10 年甚至更久。

撰写本书之时，我看到了很多由 Python 之父 Guido van Rossum 编写的代码，其中有些代码自第一个版本起就没有修改过。

本书中的某些概念是全新的，有些甚至是实验性质的。撰写本书之时，我遇到了很多源代码的问题，以及 CPython 中存在的 bug。最终，这些问题都被修复或改进了，这也是 CPython 作为一个蓬勃发展的开源项目的神奇之处。

你在本书中学到的技能可以帮助你阅读和理解 CPython 的"前世今生"。唯一不变的是变化本身，而你的专业技能是可以沿着这个方向持续发展的。

线上学习资料

本书附带了一些免费的学习资料，请访问 realpython.com/cpython-internals/resources/ 获取。这个网站上还有一个由 Real Python 团队维护的勘误修正列表。

代码示例

本书中的示例代码和配置会用一个标题进行标记，以表示它们是 cpython-book-samples 文件夹的一部分：

cpython-book-samples ▶ 01 ▶ example.py

```
import this
```

可以通过 realpython.com/cpython-internals/resources/ 下载本书示例代码。[①]

代码许可证

本书中的所有 Python 示例代码均已获得知识共享许可协议（CC0）许可，你可以自由地在你的程序中使用任意代码段。

CPython 已经获得 Python Software Foundation 2.0 协议许可，本书中使用的 CPython 源代码片段和示例都是在该协议条款的许可下完成的。

> **注意**
>
> 本书中的所有代码已在 Windows 10 系统、macOS 10.15 系统和 Linux 系统上使用 Python 3.9 测试过。

---

① 也可到图灵社区本书主页 ituring.com.cn/book/3202 下载示例代码和提交中文版勘误。——编者注

格式约定

代码块将用于展示示例代码：

```python
# 这是一行 Python 代码:
print("Hello, World!")
```

与操作系统无关的命令行格式遵循 Unix 风格：

```
$ # 这是一条终端命令:
$ python hello-world.py
```

（$ 不是命令的一部分。）

Windows 系统相关的命令会有 Windows 命令行风格：

```
> python hello-world.py
```

（> 不是命令的一部分。）

命令行语法遵循以下格式。

❑ 未用括号括起来的文本必须按显示的方式键入。
❑ <> 表示必须为其提供值的变量。例如，可以将 <filename> 替换为特定文件的名称。
❑ [] 表示可以提供的可选参数。

黑体表示新出现的或者重要的术语。

注意事项和重要信息会像下面这样突出显示。

注意

这是一个注意事项。

重点

这是重点信息。

对任何 CPython 源代码文件的引用如下所示。

path ▸ to ▸ file.py

反馈和勘误

我们愿意接受各类意见、建议、反馈和偶尔的抱怨。你觉得某个主题的内容读不懂？你发现了文字或代码中的错误？我们漏掉了你想深入了解的某个话题？欢迎随时通过下方链接发送你的反馈，我们会持续改进我们的教材。

realpython.com/cpython-internals/feedback

关于 Real Python

在 Real Python，你将从来自世界各地的专业 Python 爱好者所组成的社区中学到真实世界的编程技能。

realpython.com 网站创建于 2012 年，目前每月为 300 多万 Python 开发人员提供图书、编程教程和其他更深入的学习资源。

你可以在互联网上的这些地方找到 Real Python：

- ❏ realpython.com
- ❏ 推特@realpython
- ❏ Real Python 邮件周报
- ❏ Real Python 博客

致　谢

感谢我的妻子 Verity 给予我的支持和耐心。没有她，就没有本书。
感谢每一个在本书撰写过程中支持过我的人。

——安东尼·肖

感谢如下读者对本书初稿所提供的出色反馈：

Jürgen Gmach、ES Alexander、Patton Bradford、Michal Porteš、Sam Roberts、Vishnu Sreekumar、Mathias Hjärtström、Sören Weber、Art、MaryChester-Kadwell、Jonathan Reichelt Gjertsen、Andrey Ferriyan、Guillaume、MicahLyle、RobertWillhoft、JuanManuelGimeno、Błażej Michalik、RWA、Dave、Lionel、Pasi、Thad、Steve Hill、Mauricio、R. Wayne、Carlos、Mary、Anton Zayniev、aleks、Lindsay John Arendse、Vincent Poulailleau、Christian Hettlage、Felipe "Bidu" Rodrigues、Francois、Eugene Latham、Jordan Rowland、Jenn D、Angel、Mauro Fiacco、Rolandas、Radek、Peter、milos、Hans Davidsson、Bernat Gabor、Florian Dahlitz、Anders Bogsnes、Shmuel Kamensky、Matt Clarke、Josh Deiner、Oren Wolfe、R. Wayne Arenz、emily spahn、Eric Ranger、Dave Grunwald、bob desinger、Robert、Peter McDonald、Park Seyoung、Allen Huang、Seyoung Park、Eugene、Kartik、Vegard Stikbakke、Matt Young、Martin Berg Petersen、Jack Camier、Keiichi Kobayashi、Julius Schwartz、Luk、Christian、Axel Voitier、Aleksandr、Javier Novoa Cataño、travis、Najam Syed、Sebastian Nehls、Yi Wei、Branden、paolo、Jim Woodward、Huub van Thienen、Edward Duarte、Ray、Ivan、Chris Gerrish、Spencer、Volodymyr、Rob Pinkerton、Ben Campbell、Francesc、Chris Smith、John Wiederhirn、Jon Peck、Beau Senyard、Rémi MEVAERE、Carlos S Ande、Abhinav Upadhyay、Charles Wegrzyn、Yaroslav Nezval、Ben Hockley、Marin Muso、Karthik、John Bussoletti、Jonathon、Kerby Geffrard、Andrew Mon talenti、Mateusz Stawiarski、Evance Soumaoro、Fletcher Graham、André Roberge、Daniel Hao 和 Kimia。

如果我忘记在这里提到你的名字，请一定要知道，我同样很感谢你的帮助。谢谢大家！

目　　录

第 1 章

获取 CPython 源代码

当你在控制台上输入 python 或者从 Python 官方网站下载并安装 Python 发行版时，就已经在运行 CPython 程序了。CPython 是众多 Python 实现中的一种，由不同的开发者团队运维和开发。你可能也听说过另外一些 Python 实现，比如 PyPy、Cython 以及 Jython。

CPython 的独特之处在于它包含了运行时和所有其他 Python 实现都要使用的通用语言规范。CPython 可以被认为是 Python 语言的"官方"实现。

Python 语言规范是描述 Python 语言的文档，例如，它定义了 assert 是一个保留关键词，[] 用于索引、切片和创建空列表。

下面是你可以从 Python 发行版中获取的功能：

❑ 当你输入 python 但不带入任何文件或者模块时，它就会返回一个交互式解释器（REPL）；
❑ 从标准库中导入 json、csv、collections 等内置模块；
❑ 使用 pip 从互联网上安装软件包；
❑ 使用内置的 unittest 库测试应用程序。

这些都是 CPython 发行版的组成部分，实际上它不仅仅是一个编译器。

本书将探索 CPython 发行版的不同部分。

❑ 语言规范
❑ 编译器
❑ 标准库模块
❑ 核心类型
❑ 测试套件

源代码里有什么

CPython 源代码发行版包含了大量的工具、库和组件，本书将对这些内容进行探索。

注意

本书中的 CPython 源代码版本是 CPython 3.9。

可以使用 git 命令来获取最新版本的 CPython 源代码：

```
$ git clone --branch 3.9 https://github.com/python/cpython
$ cd cpython
```

本书中的所有示例都基于 Python 3.9。

重点

切换到 3.9 分支是一项重要举措。因为经常会有新的拉取请求（pull request，PR）并入主干分支，所以本书中的许多例子和练习在主干分支上可能无法运行。

注意

如果你的计算机上没有可用的 Git，则可以从 git-scm.com 下载安装。或者，也可以直接从 GitHub 官方网站下载一个包含 CPython 源代码的 ZIP 压缩包。

如果你是用 ZIP 压缩包的方式下载的源代码，则它将不包含任何历史记录、标签或分支信息。

在新下载的 cpython 目录中，你会看到如下子目录：

```
📁 cpython/
    ├── Doc：文件来源
    ├── Grammar：计算机可读的语言定义
    ├── Include：C 语言头文件
    ├── Lib：用 Python 编写的标准库模块
    ├── Mac：macOS 系统支持的文件
    ├── Misc：其他文件
    ├── Modules：用 C 语言编写的标准库模块
    ├── Objects：核心类型和对象模型
    ├── Parser：Python 解析器源代码
    ├── PC：用于旧版本 Windows 系统的 Windows 系统构建支持文件
    ├── PCBuild：Windows 系统构建支持文件
    ├── Programs：Python 可执行文件和其他二进制文件的源代码
    ├── Python：CPython 解释器源代码
    ├── Tools：用于构建或扩展 CPython 的独立工具
    └── m4：用于自动配置 makefile 的自定义脚本
```

接下来，我们将一起学习如何设置开发环境。

第 2 章

准备开发环境

本书将同时使用 C 语言代码和 Python 代码,因此你需要将开发环境配置为支持这两种语言。

CPython 源代码中大约有 65% 的 Python 代码(其中测试占很大一部分)和 24% 的 C 语言代码,其余部分是其他语言的混合代码。

2.1 使用 IDE 或代码编辑器

如果你还没有决定使用哪种开发环境,那么首先就要做出这个决定:或者使用 IDE(集成开发环境),或者使用代码编辑器。

- □ IDE 针对的是特定语言和工具链。大多数 IDE 集成了测试、语法检查、版本控制、编译等功能。
- □ **代码编辑器**一般支持常用的各种语言,你可以用它来编辑各种语言的代码文件。大多数代码编辑器是带有语法高亮显示的简单文本编辑器。

由于其所拥有的全功能特性,IDE 通常会消耗更多的硬件资源。因此,如果你的 RAM 有限(小于 8 GB),那么建议使用代码编辑器。

同时,IDE 的启动时间也更长。如果你想快速编辑文件,那么代码编辑器是更好的选择。

目前已经有数百种免费或收费的 IDE 和代码编辑器,表 2-1 列出了一些常用的适合进行 CPython 开发的 IDE 和代码编辑器。

表 2-1　常用的 IDE 和代码编辑器

应用程序	类　　型	支持系统
Visual Studio Code	代码编辑器	Windows、macOS 和 Linux
Atom	代码编辑器	Windows、 macOS 和 Linux
Sublime Text	代码编辑器	Windows、 macOS 和 Linux
Vim	代码编辑器	Windows、macOS 和 Linux

（续）

应用程序	类　型	支持系统
Emacs	代码编辑器	Window、macOS 和 Linux
Visual Studio	IDE（C、Python 和其他语言）	Windows
PyCharm	IDE（Python 和其他语言）	Windows、macOS 和 Linux
JetBrains CLion	IDE（C 和其他语言）	Windows、macOS 和 Linux

其实 Visual Studio 也有一个可以用于 macOS 系统的版本，但它不支持 Python Tools for Visual Studio 或 C 语言编译。

在接下来的 2.2 节~2.5 节中，我们将一起探索以下代码编辑器和 IDE 的设置步骤：

❑ Visual Studio
❑ Visual Studio Code
❑ JetBrains CLion
❑ Vim

你可以直接跳到你想选择的应用程序所对应的小节开始阅读。当然，如果你想进行比较，那么也可以按顺序阅读。

2.2   安装 Visual Studio

Visual Studio 的最新版本 Visual Studio 2019[①] 内置了对 Windows 系统上的 Python 源代码和 C 语言源代码的支持。我建议在本书的示例和练习中使用该版本。如果你已经安装了 Visual Studio 2017，那么也是可以运行的。

> **注意**
>
> 编译 CPython 或完成本书中的操作不需要 Visual Studio 的任何付费功能。我们可以使用免费的社区版。
>
> 但是，PGO（Profile-Guided Optimization）构建配置文件需要专业版或更高版本。

通过 Microsoft 的 Visual Studio 网站可以免费获得 Visual Studio。

下载 Visual Studio 安装程序后，系统会要求你选择要安装的组件。运行本书示例需要安装以下组件：

❑ Python 开发工作负载

---

① 此处的最新版本指截至英文版出版时的最新版本。——译者注

❑ 可选的 Python 原生开发工具

❑ Python 3（Python 3.7.2，64 位）

如果你已经安装了 Python 3.7，则可以取消选择 Python 3.7.2。若想节省磁盘空间，也可以取消选择其他可选功能。

安装程序将下载并安装所有必需的组件，可能耗时较长，大约需要一小时。

安装完成后，点击"Launch"启动 Visual Studio，系统将弹出提示你登录的窗口。你可以使用 Microsoft 账户登录，或者跳过该步骤。

接下来，系统会提示你打开一个项目。你可以通过选择"Clone or check out code"选项直接从 Visual Studio 克隆 CPython 的 Git 存储库。

在把存储库位置设置为 https://github.com/python/cpython，并设置好本地存储路径之后，点击"Clone"。

此时，Visual Studio 将使用与其绑定在一起的 Git 版本从 GitHub 下载 CPython 的副本。此步骤还为你省去了必须在 Windows 系统上安装 Git 的麻烦。下载可能最多需要 10 分钟。

> **重点**
>
> Visual Studio 自动创建的分支默认为主干分支。在编译之前，不要忘了在 Team Explorer 窗口中将分支更改为 3.9 这一重要操作，因为主干分支每小时都会发生变化。本书中的许多示例和练习不适合在主干分支上操作。

下载完项目后，首先点击"Solutions and Projects"，然后点击"pcbuild.sln"，以将 Visual Studio 指向 PCBuild ▶ pcbuild.sln 解决方案文件，如图 2-1 所示。

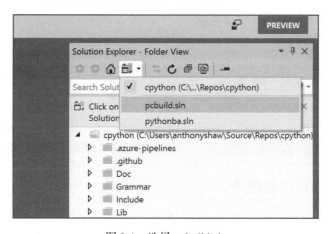

图 2-1　选择 pcbuild.sln

现在，你已经配置好 Visual Studio 并下载了源代码，可以按照第 3 章中的步骤在 Windows 系统上编译 CPython 了。

2.3　安装 Visual Studio Code

Visual Studio Code 是一个可扩展且带有在线插件市场的代码编辑器。它既支持 C 语言代码，也支持 Python 代码，而且集成了 Git，是开发 CPython 的绝佳选择。

2.3.1　安装

Visual Studio Code（有时称为 VS Code）的简单安装程序可在 code.visualstudio.com 上获得。

开箱即用的 VS Code 具有必要的代码编辑功能，一旦安装了扩展，它就会变得更加强大。

你可以通过从顶部菜单中选择 View ▶ Extensions 来访问 Extensions 面板，如图 2-2 所示。

图 2-2　Extensions 面板

在 Extensions 面板中，可以按名称或按其唯一标识符（如 ms-vscode.cpptools）搜索扩展。某些情况下可能会出现许多名称相似的插件，因此请使用唯一标识符以确保安装的是正确的插件。

2.3.2　本书中的推荐扩展程序

下面是几个对开发 CPython 有帮助的扩展程序。

- C/C++（ms-vscode.cpptools）提供了对 C/C++ 的支持，包括 IntelliSense、调试和代码高亮显示。
- Python（ms-python.python）为编辑、调试和阅读 Python 代码提供了丰富的 Python 支持。
- reStructuredText（lextudio.restructuredtext）为 reStructuredText 提供了丰富的支持，reStructuredText 是 CPython 文档使用的格式。
- Task Explorer（spmeesseman.vscode-taskexplorer）在 Explorer 选项卡中添加了一个 Task Explorer 面板，使启动 make 任务变得更加容易。

安装完这些扩展程序后，需要重新加载编辑器。

本书中的许多任务需要命令行。你可以通过先选择 "Terminal" 再选择 "New Terminal" 的方式将集成终端添加到 VS Code 中。终端将出现在代码编辑器下方，如图 2-3 所示。

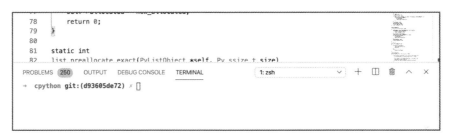

图 2-3 VS Code 添加终端

2.3.3 使用高级代码导航和扩展

安装完插件后，可以使用一些高级代码导航功能。

例如，通过右键单击 C 语言文件中的函数调用并选择 "Go to References"，VS Code 将显示其在代码库中找到的对该函数的其他引用，如图 2-4 所示。

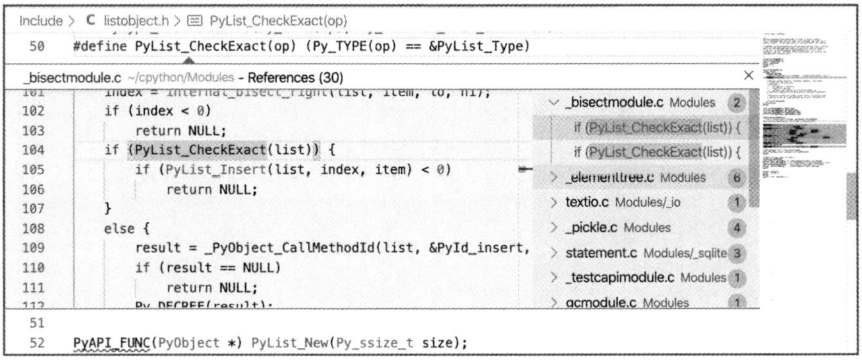

图 2-4 高级代码导航功能

Go to References 对于发现函数的正确调用形式非常有用。

通过点击或将鼠标悬停在 C 语言宏上，编辑器会显示宏的定义，如图 2-5 所示。

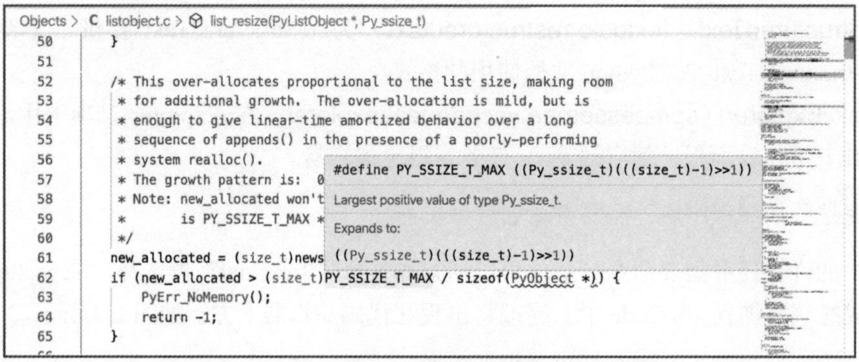

图 2-5　显示宏定义

如果想要跳转到某个函数的定义，那么可以将鼠标悬停在调用该函数的任意位置，然后在 macOS 系统上按 "Cmd + Click" 快捷键或在 Linux 系统和 Windows 系统上按 "Ctrl + Click" 快捷键进行跳转。

2.3.4　配置任务和启动文件

VS Code 支持在工作区目录中创建 .vscode 文件夹以进行配置。如果此文件夹不存在，请立即创建。你可以在此文件夹中创建以下文件：

- tasks.json，用于执行项目的命令的快捷方式；
- launch.json，配置调试器（参见第 14 章）；
- 其他插件特定的文件。

如果尚不存在 tasks.json 文件，请在 .vscode 目录中创建一个。这个 tasks.json 文件将帮助你开始如下操作：

cpython-book-samples ▶ 11 ▶ tasks.json

```
{
    "version": "2.0.0",
    "tasks": [
        {
            "label": "build",
            "type": "shell",
            "group": {
                "kind": "build",
                "isDefault": true
            },
```

```
        "windows": {
            "command": "PCBuild/build.bat",
            "args": ["-p", "x64", "-c", "Debug"]
        },
        "linux": {
            "command": "make -j2 -s"
        },
        "osx": {
            "command": "make -j2 -s"
        }
    }
    ]
}
```

使用 Task Explorer 插件，你将在 vscode 组中看到已配置任务的列表，如图 2-6 所示。

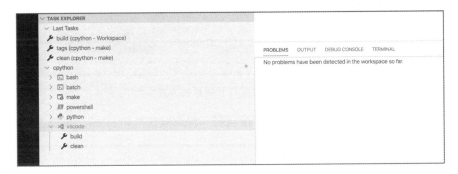

图 2-6　已配置任务列表

在第 3 章中，你将了解更多关于编译 CPython 的构建过程。

2.4　安装 JetBrains CLion

JetBrains 为 Python 开发了名为 PyCharm 的 IDE，为 C/C++ 开发了名为 CLion 的 IDE。

CPython 中既包含 C 语言代码，也包含 Python 代码。你无法将 C/C++ 支持安装到 PyCharm 中，但 CLion 绑定了 Python 支持。

重点

makefile 支持仅在 CLion 2020.2 及更高版本中可用。

重点

此步骤要求你已通过运行 configure 生成了一个 makefile 并已编译 CPython。

请阅读第 3 章中适用于你的操作系统的内容，然后再返回本章。

第一次编译 CPython 后，源目录的根目录中将有一个 makefile。

打开 CLion 并从欢迎屏幕中选择"Open or Import"。导航到源目录，选择"makefile"，然后点击"Open"按钮。

CLion 将询问你是要打开目录还是将 makefile 作为新项目导入。选择"Open as Project"以作为项目导入，如图 2-7 所示。

图 2-7   选择打开项目的方式

CLion 会在导入之前询问要运行哪个 make 目标。保留默认选项 clean，如图 2-8 所示。

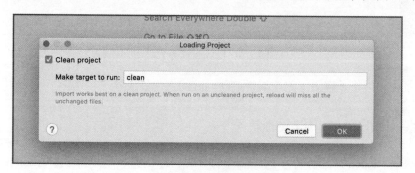

图 2-8   选择 make 目标

接下来，检查是否可以从 CLion 构建 CPython 可执行文件。从顶部菜单中选择"Build"，然后再选择"Build Project"。

在状态栏中，应该能看到项目构建的进度指示器，如图 2-9 所示。

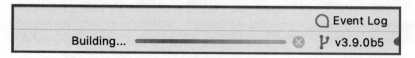

图 2-9   项目构建进度

完成此任务后，可以将已编译的二进制文件作为运行/调试的配置选项。

选择"Run"，再选择"Edit Configurations"，以打开 Run/Debug Configurations 窗口。如图 2-10 所示，在此窗口中，选择"+"，再选择"Makefile Application"，并完成以下步骤。

(1) 将 Name 设置为 cpython。

(2) 将构建目标保留为 all。

(3) 对于可执行文件，点击下拉菜单并选择"Select Other"，然后在源目录中找到已编译的 CPython 二进制文件，它的名称为 python 或 python.exe。

(4) 输入任何你希望传递给二进制文件的程序参数，比如用于启动开发模式的 -X dev。这些标志将在 5.1.4 节中介绍。

(5) 将工作目录设置为 CLion 宏 $ProjectFileDir$。

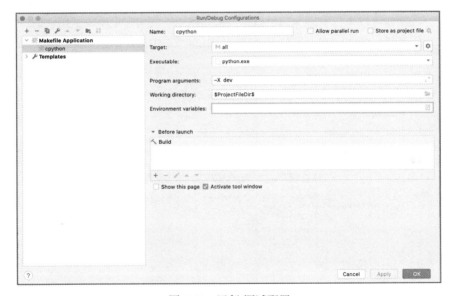

图 2-10　运行/调试配置

然后，点击"OK"按钮以添加此配置。对于任何 CPython make 目标，都可以根据需要重复此步骤进行配置。完整参考请参阅 3.5 节。

cpython 构建配置现在将在 CLion 窗口的右上角可用，如图 2-11 所示。

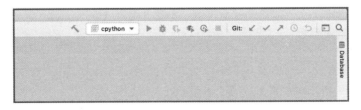

图 2-11　cpython 构建配置

要对其进行测试，请点击箭头图标或从顶部菜单中选择 "Run"，然后再选择 "Run 'cpython'"。现在应该能在 CLion 窗口的底部看到 REPL，如图 2-12 所示。

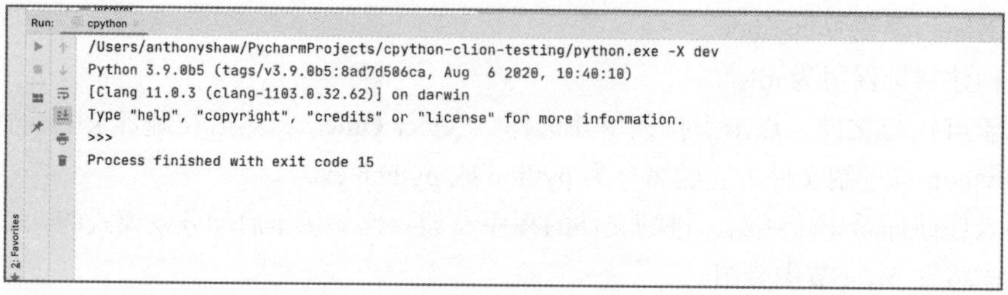

图 2-12　REPL

棒极了！现在你可以进行更改并通过点击 "Build" 和 "Run" 来快速试用它们。如果你在 C 语言代码中放置了任何断点，那么请确保选择 "Debug" 而不是 "Run"。

在代码编辑器中，macOS 系统上的 "Cmd + Click" 快捷键以及 Windows 系统和 Linux 系统上的 "Ctrl + Click" 快捷键将调出编辑器内导航功能，如图 2-13 所示。

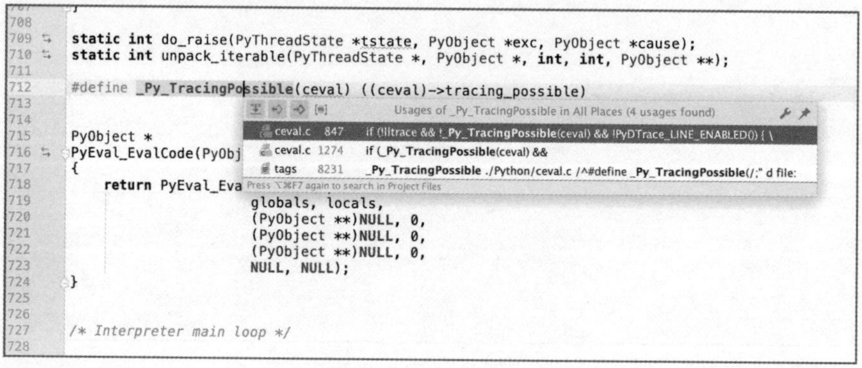

图 2-13　代码导航

2.5　安装 Vim

Vim 是一个功能强大的基于控制台的文本编辑器。为了快速开发，在使用 Vim 时，请将双手放在键盘上，这样快捷方式和命令都会变得触手可及。

> **注意**
>
> 在大多数 Linux 发行版和 macOS 终端中，Vi 是 Vim 的别名。本书中将使用 `vim` 命令，但如果你使用的环境中 Vim 有别名 Vi，那么也可以使用 `vi` 命令。

开箱即用的 Vim 只有基本功能，其类似于记事本这样的文本编辑器。然而，通过一些配置和扩展，Vim 可以成为开发 Python 代码和 C 语言代码的强大工具。

Vim 的扩展程序位于包括 GitHub 在内的不同位置。为了简化 GitHub 插件的配置和安装，可以安装插件管理器，比如 Vundle。

在终端运行如下命令可以安装 Vundle：

```
$ git clone https://github.com/VundleVim/Vundle.vim.git \
  ~/.vim/bundle/Vundle.vim
```

下载 Vundle 后，需要配置 Vim 以加载 Vundle 引擎。

你将安装以下这两个插件。

(1) Fugitive：Git 的状态栏，带有许多 Git 任务的快捷方式。

(2) Tagbar：用于更容易跳转到函数、方法和类的窗格。

要安装这些插件，请先在 Vim 的配置文件（通常是 HOME ▶ .vimrc）中添加以下内容：

cpython-book-samples ▶ 11 ▶ .vimrc

```
syntax on
set nocompatible                    " 必需的
filetype off                        " 必需的

" 将运行时路径设置为包含 Vundle 并初始化
set rtp+=~/.vim/bundle/Vundle.vim
call vundle#begin()

" 让 Vundle 管理 Vundle；必需的
Plugin 'VundleVim/Vundle.vim'

" 以下是支持的不同格式的示例
" 在 vundle#begin 和 vundle#end 之间保留插件命令
" GitHub 存储库上的插件
Plugin 'tpope/vim-fugitive'
Plugin 'majutsushi/tagbar'
" 所有插件都必须在此行之前添加
call vundle#end()                   " 必需的
filetype plugin indent on           " 必需的
" 在 C 语言文件中自动打开标签栏；可选的
autocmd FileType c call tagbar#autoopen(0)
" 在 Python 文件中自动打开 tagbar；可选的
autocmd FileType python call tagbar#autoopen(0)
" 显示状态栏；可选的
set laststatus=2
" 将状态设置为 git status (branch)；可选的
set statusline=%{FugitiveStatusline()}
```

然后运行以下命令进行安装：

```
$ vim +PluginInstall +qall
```

你应该会看到配置文件中指定插件的下载和安装的输出。

在编辑或浏览 CPython 源代码时，你可能希望在方法、函数和宏之间快速跳转。基本的文本搜索不会区分函数的调用和函数的定义，但你可以使用名为 ctags 的应用程序将多种语言的源文件索引到纯文本数据库中。

要为 CPython 的所有 C 语言文件和 Python 文件中的方法、函数、宏等建立索引，请运行以下代码：

```
$ ./configure
$ make tags
```

现在在 Vim 中打开 Python ▶ ceval.c 文件：

```
$ vim Python/ceval.c
```

你将在底部看到 Git 状态，在右侧窗格中看到函数、宏和变量，如图 2-14 所示。

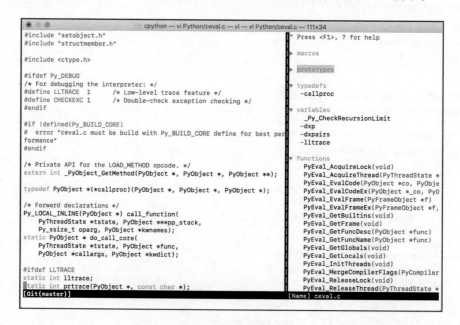

图 2-14　为 C 语言文件建立索引

接下来，打开一个 Python 文件，比如 Lib ▶ subprocess.py：

```
$ vim Lib/subprocess.py
```

标记栏中将显示你的 imports、类、方法和函数，如图 2-15 所示。

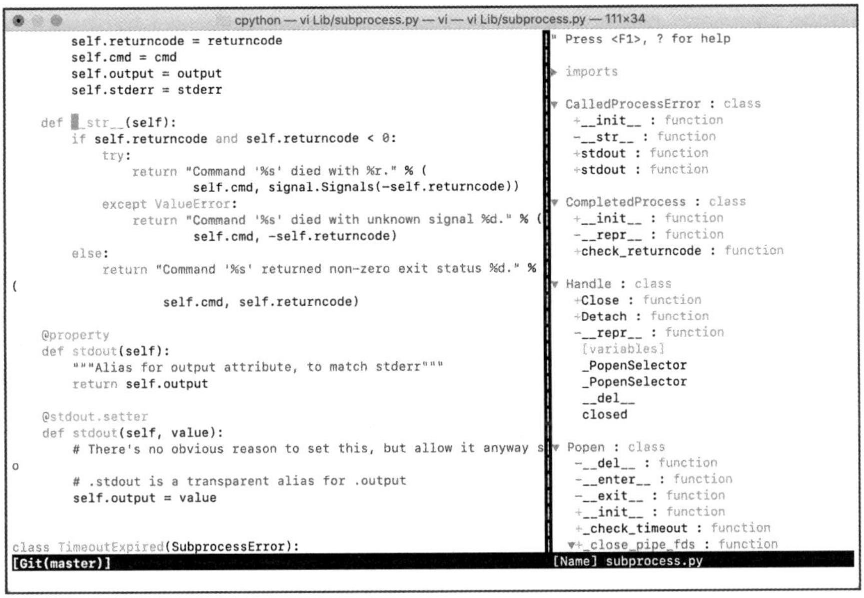

图 2-15 为 Python 文件建立索引

在 Vim 中，可以使用"Ctrl + W"快捷键在窗口之间切换，使用"L"键移动到右侧窗格，并使用箭头键在标记的函数之间上下移动。

可以按"Enter"键跳到任何函数实现。要返回编辑器窗格，请按"Ctrl + W"快捷键，然后按"H"键。

> **参阅**
>
> 可以查看 VIM Adventures，以有趣的方式学习和记忆 vim 命令。

2.6 小结

如果你仍不确定要使用哪个环境，那么无须立即做出决定。在撰写本书和致力于对 CPython 进行更改时，我们使用了多个环境。

调试是提高生产效率的一种重要手段，因此拥有一个可靠的可以用来探索运行时和了解 bug 的调试器将会为你节省大量时间。如果你习惯于在 Python 中使用 print() 进行调试，那么请务必注意，这种方法在 C 语言中不起作用。第 14 章将详细介绍调试。

第 3 章

编译 CPython

下载并配置好 CPython 开发环境后，现在可以将 CPython 源代码编译为可执行的解释器了。

与 Python 代码不同，C 语言代码每次修改后都必须被重新编译。这些编译操作将来会重复多次，因此我们可能需要标记本章并记住其中的一些步骤。

在第 2 章中，我们一起准备了开发环境，其中"Build"选项可以用来编译 CPython。为了完成编译工作，我们还需要一个 C 语言编译器和一些构建工具。

具体使用哪种工具取决于你的操作系统，因此你可以直接阅读本书中适用于你的操作系统的章节。

> 注意
>
> CPython 的源目录类似于一个虚拟环境，因此你不用担心其中的任何一个步骤会干扰你安装的其他 CPython。
>
> 编译 CPython、修改源代码和标准库这些操作都发生在源目录的沙箱中。
>
> 本章也涵盖了安装自定义版本的相关内容。

3.1　在 macOS 系统上编译 CPython

在 macOS 系统上编译 CPython 需要一些额外的应用程序和库，其中基本的 C 语言编译器工具包是首先需要安装的。Command Line Tools（命令行开发工具）是一个可以在 macOS 系统的 App Store 中进行更新的应用程序。你需要在终端上进行一些初始安装。

> 注意
>
> 依次点击"Applications""Other""Terminal"就可以在 macOS 系统上打开终端。如果想将这个应用程序保存在 Dock 栏中，请按"Ctrl + Click"快捷键，点击图标，然后选择"Keep in Dock"。

在终端中，可以运行以下命令来安装 C 语言编译器和工具包：

```
$ xcode-select --install
```

此命令将弹出下载和安装一组工具（包括 Git、Make 和 GNU C 语言编译器）的提示。

从 PyPI 官方网站上获取包时需要用到 OpenSSL。如果你打算基于这次构建的版本去安装其他包，那么 SSL 认证就是必需的。

在 macOS 系统上安装 OpenSSL 的最简单方式是使用 Homebrew。

> **注意**
>
> 如果你没有 Homebrew，那么可以使用如下命令直接从 GitHub 下载并安装。
>
> ```
> $ /usr/bin/ruby -e "$(curl -fsSL \
>   https://raw.githubusercontent.com/Homebrew/install/master/install)"
> ```

安装完 Homebrew 之后，可以使用 brew install 命令来安装 CPython 的依赖项：

```
$ brew install openssl xz zlib gdbm sqlite
```

现在我们已经安装完依赖项，接下来可以运行 configure 脚本了。

Homebrew 的命令 brew --prefix [package] 将返回指定包的安装目录。你可以通过在编译时使用 Homebrew 提供的路径来启用对 SSL 的支持。

如果在开发或测试过程中需要进行调试，请添加选项 --with-pydebug。调试 CPython 的内容将在第 14 章中详细介绍。

配置阶段只需要运行一次，请在运行配置命令时指定 zlib 包的位置：

```
$ CPPFLAGS="-I$(brew --prefix zlib)/include" \
  LDFLAGS="-L$(brew --prefix zlib)/lib" \
  ./configure --with-openssl=$(brew --prefix openssl) \
  --with-pydebug
```

配置命令运行后会在 cpython 目录中生成一个 makefile，你可以使用该 makefile 来自动化构建过程。

现在，你可以通过运行以下命令来构建 CPython 二进制文件。

```
make -j2 -s
```

> **参阅**
>
> 有关 make 选项的详细介绍，请参考 3.4 节。

在构建过程中你可能会收到一些错误提示。如果有些包未成功构建，则 make 会在构建输出信息中通知你。使用上面的指令无法构建 ossaudiodev、spwd 和 _tkinter 这些包，如果你的开发计划中不涉及这些包，那么也没关系。但如果需要用到这些包，请登录 Python 开发指南官方网站了解更多信息。

构建过程将持续几分钟时间，然后会生成一个名为 python.exe 的二进制文件。每次更改源代码后，都需要使用相同的选项重新运行 make。

python.exe 是 CPython 用于调试的二进制文件。执行 python.exe 可以查看运行中的 REPL。

```
$ ./python.exe
Python 3.9 (tags/v3.9:9cf67522, Oct 5 2020, 10:00:00)
[Clang 10.0.1 (clang-1001.0.46.4)] on darwin
Type "help", "copyright", "credits" or "license" for more information.
>>>
```

重点

是的，没错，macOS 系统构建的结果会有 .exe 文件扩展名。出现这个扩展名不是因为它是 Windows 系统二进制文件，而是由于 macOS 系统的文件系统不区分大小写，开发人员不希望人们在运行二进制文件时意外地引用目录 Python/，因此就附加了 .exe 以避免歧义。

当你稍后运行 make install 或 make altinstall 时，你会发现文件在安装到系统之前被重命名回了 python。

3.2   在 Linux 系统上编译 CPython

要在 Linux 系统上编译 CPython，首先需要下载并安装 make、gcc、configure 和 pkgconfig。

对于 Fedora Core、RHEL、CentOS 或其他基于 yum 命令的系统，可以使用如下命令：

```
$ sudo yum install yum-utils
```

对于 Debian、Ubuntu 或其他基于 apt 命令的系统，可以使用如下命令：

```
$ sudo apt install build-essential
```

接下来再安装其他的依赖包。

对于 Fedora Core、RHEL、CentOS 或其他基于 yum 命令的系统，可以使用如下命令：

```
$ sudo yum-builddep python3
```

对于 Debian、Ubuntu 或其他基于 apt 命令的系统，可以使用如下命令：

```
$ sudo apt install libssl-dev zlib1g-dev libncurses5-dev \
  libncursesw5-dev libreadline-dev libsqlite3-dev libgdbm-dev \
  libdb5.3-dev libbz2-dev libexpat1-dev liblzma-dev libffi-dev
```

安装完依赖项后就可以运行 configure 脚本了。如果想构建调试版本，请添加可选项 --with-pydebug：

```
$ ./configure --with-pydebug
```

接下来，可以通过运行上一步生成的 makefile 来构建 CPython 二进制文件。

```
$ make -j2 -s
```

参阅

有关 make 选项的详细介绍，请参考 3.4 节。

可以通过检查构建日志来确认编译 _ssl 模块时是否有问题。如果有问题，请检查发行版以获取有关安装 OpenSSL 头文件的说明。

在构建过程中，你可能会收到一些错误提示。如果有些包未成功构建，则 make 会在构建输出信息中通知你。如果你的开发计划中不涉及这些包，那么也没关系。但如果需要用到这些包，请查看这些包的详细信息。

通过几分钟的构建将生成一个二进制文件 python。这是 CPython 的调试二进制文件。执行 ./python 可以查看运行中的 REPL。

```
$ ./python
Python 3.9 (tags/v3.9:9cf67522, Oct 5 2020, 10:00:00)
[Clang 10.0.1 (clang-1001.0.46.4)] on Linux
Type "help", "copyright", "credits" or "license" for more information.
>>>
```

3.3 安装自定义版本

如果你对在源文件中所做的更改感到满意并希望在系统中使用它们，那么可以将修改后的源文件安装为自定义版本。

对于 macOS 系统和 Linux 系统，可以使用 altinstall 命令，该命令不会为 Python 3 创建符号链接，而会安装一个独立版本：

```
$ make altinstall
```

对于 Windows 系统，则必须将构建配置从 Debug 更改为 Release，然后将打包的二进制文件复制到目标目录，并确保该目录在计算机的系统变量中。

3.4　make 快速入门

作为一名 Python 开发者，你之前可能没接触过 make，或者虽然接触过，但没在它上面花费太多时间。

对于 C、C++ 和其他编译型语言，以正确的顺序加载、链接和编译代码所需执行的命令数量非常多。当你从源代码对应用程序进行编译时，需要链接一切必需的外部库。

期望开发人员知道所有这些库的位置并将它们复制、粘贴到命令行中是不现实的，因此在 C/C++ 项目中通常使用 make 和 configure 来自动创建构建脚本。

当执行 ./configure 时，autoconf 会在系统中搜索 CPython 所需的库，并将其路径复制到 makefile 中。

生成的 makefile 类似于 shell 脚本，你可以将它分为若干个被称为 **targets** 的部分。

以 docclean 目标为例。该目标可以使用 rm 命令删除一些生成的文档文件。

```
docclean:
    -rm -rf Doc/build
    -rm -rf Doc/tools/sphinx Doc/tools/pygments Doc/tools/docutils
```

要执行此目标，请运行 make docclean 命令。docclean 是一个简单的目标，只运行了两条命令。

执行任何 make 目标的语法规范如下所示：

```
$ make [options] [target]
```

如果调用 make 时没有指定目标，则 make 将运行默认目标，也就是 makefile 中设定的第一个目标。对 CPython 而言，默认是一个名为 all 的目标，其用于编译 CPython 的所有部分。

make 有很多选项，表 3-1 中列出了对你阅读本书有帮助的相关选项。

表 3-1　make 选项及其功能

选　　项	功　　能
-d, --debug[=FLAGS]	打印各种类型的调试信息
-e, --environment-overrides	环境变量覆盖 makefile 中的同名变量
-i, --ignore-errors	忽略执行命令时的错误
-j [N], --jobs[=N]	同时执行 N 个任务（否则为无限个任务）
-k, --keep-going	当一些目标无法实现时继续往下执行
-l [N], --load-average[=N], --max-load[=N]	仅在负载小于 N 时启动多个任务

（续）

选　项	功　能
-n, --dry-run	只打印命令而不执行命令
-s, --silent	不回显命令
-S, --stop	当目标无法执行时停止

在 3.5 节及全书中，我们将使用以下选项运行 make：

```
$ make -j2 -s [target]
```

-j2 标志允许 make 同时运行两个任务。如果你有 4 个或更多的核，那么可以将 2 改为 4 或更大的数，这将使编译更快完成。

-s 标志会阻止 makefile 将其运行的每个命令打印到控制台。如果你想查看发生了什么，请删除 -s 标志。

3.5　CPython 的 **make** 目标

如果使用的是 Linux 系统或 macOS 系统，那么你就会发现需要自己清理文件、构建或更新配置。3.5.1 节~3.5.5 节中包含的表格概述了 CPython 的 makefile 中内置的一些有用的 make 目标。

3.5.1　构建目标

表 3-2 中列出了用于构建 CPython 二进制文件的 make 目标。

表 3-2　用于构建 CPython 二进制文件的 make 目标

目　标	用　途
all（默认）	构建编译器、库和模块
clinic	在所有源文件上运行"Argument Clinic"
profile-opt	使用 PGO 编译 Python 二进制文件
regen-all	重新生成所有生成的文件
sharedmods	构建共享模块

3.5.2　测试目标

表 3-3 中列出了用于测试已编译的二进制文件的 make 目标。

表 3-3　用于测试已编译的二进制文件的 make 目标

目　　标	用　　途
coverage	使用 gcov 编译和运行测试
coverage-lcov	创建 HTML 覆盖率报告
quicktest	运行一组更快的回归测试，但不包括需要很长时间的测试用例
test	运行一组基本的回归测试
testall	运行完整的测试套件两次，一次不使用 .pyc 文件，一次使用 .pyc 文件
testuniversal	在 OSX 系统上的通用构建中运行两种架构的测试套件

3.5.3　清理目标

主要的清理目标包括 clean、clobber 和 distclean。clean 目标通常用于删除已编译以及缓存的库和 .pyc 文件。

如果你发现 clean 未起作用，请尝试使用 clobber。但使用 clobber 会清除 makefile，因此下次编译前需要重新运行 ./configure。

如果想在发行前彻底清理环境，请运行 distclean 目标。

表 3-4 中列出了用于清理的 make 目标，既包括上面介绍的 3 个主要目标，也包括一些其他的目标。

表 3-4　用于清理的 make 目标

目　　标	用　　途
check-clean-src	从源代码构建时检查源代码是否干净
clean	删除 .pyc 文件、编译的库和配置文件
cleantest	删除之前失败的测试任务的 test_python_* 目录
clobber	与 clean 相同，但同时会删除库、标签、配置和 build 目录
distclean	与 clobber 相同，但同时会删除从源生成的任何内容，比如 makefile
docclean	删除 Doc/ 中的构建文档
profile-removal	删除所有优化配置文件
pycremoval	删除 .pyc 文件

3.5.4　安装目标

安装目标分为两类，一类用于安装默认版本（如 install），另一类用于安装 alt 版本（如 altinstall）。如果你想在自己的计算机上安装编译后的版本，但不希望它作为默认的 Python 3，请使用命令的 alt 版本。表 3-5 中列出了用于安装的 make 目标。

表 3-5　用于安装的 make 目标

目　　标	用　　途
altbininstall	安装带有版本后缀的 Python 解释器，比如 Python 3.9
altinstall	安装带有版本后缀的共享库、二进制文件和文档
altmaninstall	安装带有版本后缀的手册
bininstall	安装所有二进制文件，比如 python、idle 和 2to3
commoninstall	安装共享库和模块
install	安装共享库、二进制文件和文档（将运行 commoninstall、bininstall 和 maninstall）
libinstall	安装共享库
maninstall	安装手册
sharedinstall	安装动态加载的模块

使用 make install 安装后，运行命令 python3 将链接到你编译的二进制文件。使用 make altinstall 只会安装 python$(VERSION)，而 python3 的现有链接将保持不变。

3.5.5　其他目标

表 3-6 中列出了其他一些可能有用的 make 目标。

表 3-6　其他一些可能有用的 make 目标

目　　标	用　　途
autoconf	重新生成 configure 和 pyconfig.h.in
python-config	生成 python-config 脚本
recheck	使用与上次运行时相同的选项重新运行 configure
smelly	检查导出的符号是否以 Py 或 _Py 开头（参阅 PEP 7）
tags	为 Vi 创建标签文件
TAGS	为 Emacs 创建标签文件

3.6　在 Windows 系统上编译 CPython

在 Windows 系统上编译 CPython 二进制文件和库有以下两种方法。

(1) 从命令行编译，这需要用到 Visual Studio 自带的 Microsoft Visual C++ 编译器。

(2) 通过 Visual Studio 打开 PCBuild ▶ pcbuild.sln 直接进行构建。

本章的后续部分将探索这两种方法。

3.6.1　安装依赖项

不论是从命令行还是通过 Visual Studio 进行编译，都需要安装一些外部工具、库和 C 语言头文件。

PCBuild 文件夹中有一个 .bat 文件，该文件可以为我们自动执行上述安装操作。在 PCBuild 中打开命令行并执行 get_externals.bat：

```
> get_externals.bat
Using py -3.7 (found 3.7 with py.exe)
Fetching external libraries...
Fetching bzip2-1.0.6...
Fetching sqlite-3.28.0.0...
Fetching xz-5.2.2...
Fetching zlib-1.2.11...
Fetching external binaries...
Fetching openssl-bin-1.1.1d...
Fetching tcltk-8.6.9.0...
Finished.
```

现在可以从命令行或使用 Visual Studio 进行编译了。

3.6.2　从命令行编译

从命令行进行编译时，需要选择要编译的 CPU 架构。默认值为 win32，但你可能需要 64 位（amd64）二进制文件。

调试版本提供了在源代码中添加断点的功能，以便进行调试。要构建调试版本，请添加 -c Debug 以指定调试配置。

默认情况下，build.bat 将获取外部依赖项，但是，由于我们已经完成了该步骤，因此它会打印一条跳过下载的消息：

```
> build.bat -p x64 -c Debug
```

此命令将生成 Python 二进制文件 PCBuild ▶ amd64 ▶ python_d.exe。该二进制文件可以直接从命令行启动：

```
> amd64\python_d.exe

Python 3.9 (tags/v3.9:9cf67522, Oct 5 2020, 10:00:00)
 [MSC v.1922 64 bit (AMD64)] on win32
Type "help", "copyright", "credits" or "license" for more information.
>>>
```

现在你已经进入了你所编译的 CPython 二进制文件的 REPL 中。

要编译二进制文件发行版，请使用如下命令：

```
> build.bat -p x64 -c Release
```

这条命令将生成二进制文件 PCBuild ▶ amd64 ▶ python.exe。

> **注意**
>
> 后缀 _d 表明 CPython 是基于 Debug 配置构建的。
>
> Python 官方网站上发布的二进制文件是基于 PGO 配置编译的。有关 PGO 的更多信息，请参阅 3.7 节。

1. 参数

表 3-7 中列出了 build.bat 支持的参数。

表 3-7　build.bat 支持的参数

标　　记	用　　途	可　选　值
-p	指定构建平台的 CPU 架构	x64、Win32（默认值）、ARM 和 ARM64
-c	指定构建配置	Release（默认值）、Debug、PGInstrument 或 PGUpdate
-t	指定构建目标	Build（默认值）、Rebuild、Clean 和 CleanAll

2. 标记

表 3-8 中是一些可用于 build.bat 的可选标记。

表 3-8　可用于 build.bat 的可选标记

标　　记	用　　途
-v	详细模式：在构建期间显示信息性消息
-vv	非常详细的模式：在构建期间显示详细消息
-q	安静模式：在构建期间仅显示警告和错误
-e	下载并安装外部依赖项（默认）
-E	不下载和安装外部依赖项
--pgo	构建时开启 PGO
--regen	当更新语言时，使用该选项重新生成所有语法和单词符号（token）[1]

要获得完整列表，请运行 build.bat-h。

3.6.3　使用 Visual Studio 编译

PCBuild 文件夹中有一个 Visual Studio 解决方案文件 PCBuild ▶ pcbuild.sln，该文件用于构建

---

[1] "token" 一词在大多数情况下会被翻译为"记号"，但我更认同《现代编译原理》（赵克佳等译）中将其翻译为"单词符号"（简称"单词"）的做法，因为这样更符合实际情况。——译者注

和探索 CPython 源代码。

加载解决方案文件时，它会提示将解决方案中的项目重定向到已安装的 C/C++ 编译器版本中。Visual Studio 也会定位已安装的 Windows SDK 版本。

确保将 Windows SDK 版本更改为最新安装的版本，并将平台工具集更改为最新版本。如果错过了这个窗口，则可以在 Solutions and Projects 窗口中右键单击解决方案文件，然后选择"Retarget Solution"。

先导航到"Build"，再到"Configuration Manager"，确保 Active Solution Configuration 设置为 Debug，且 Active Solution Platform 设置为 x64（64 位 CPU 架构）或 win32（32 位）。

接下来，通过按"Ctrl + Shift + B"快捷键或先选择"Build"再选择"Build Solution"来构建 CPython。如果收到有关缺少 Windows SDK 的任何错误，请确保在 Retarget Solution 窗口中设置了正确的定位设置。在开始菜单中应该能看到 Windows Kits 文件夹，文件夹中有"Windows Software Development Kit"（Windows 软件开发工具包）。

第一次构建可能需要 10 分钟或更长时间。构建完成后，可能会出现一些可以忽略的警告。

如果需要启动调试版本的 CPython，请按"F5"键，CPython 将以调试模式启动且直接进入 REPL，如图 3-1 所示。

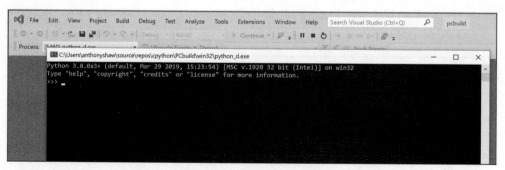

图 3-1   以调试模式启动 CPython 并进入 REPL

可以通过在顶部菜单栏上将构建配置从 Debug 更改为 Release，并重新运行"Build"下的"Build Solution"来构建发布版本。现在，你的目录 PCBuild ▶ amd64 中同时拥有了 Python 二进制文件的调试版本和发布版本。

通过在顶部菜单栏上先选择"Tools"，再选择"Python"，然后选择"Python Environments"，可以将 Visual Studio 设置为使用发布或调试版本打开 REPL。在 Python Environments 面板中，点击"Add Environment"后可以选择调试或发布二进制文件作为目标。调试二进制文件以 _d.exe 结尾，比如 python_d.exe 或 pythonw_d.exe。

或许你更希望使用调试二进制文件，因为它在 Visual Studio 中提供调试支持，这在通读本书时会很有用。

在 Add Environment 窗口中，将解释器路径设置为 PCBuild ▶ amd64 中的 python_d.exe 文件，将窗口解释器路径设置为 pythonw_d.exe 文件，如图 3-2 所示。

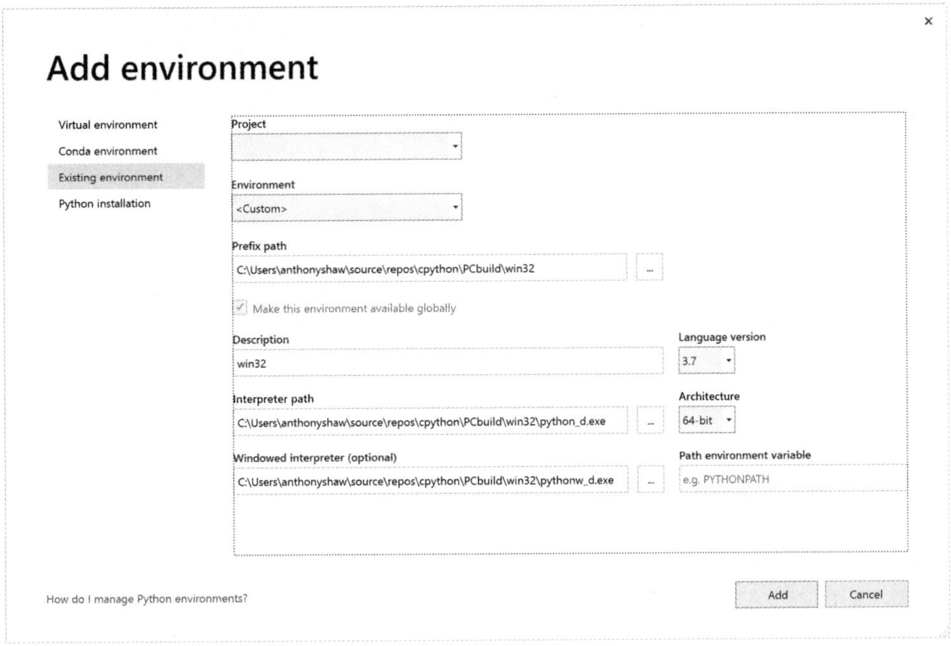

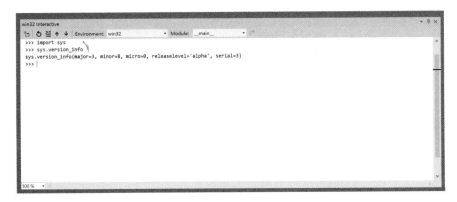

图 3-2　设置解释器路径和窗口解释器路径

在 Python Environments 窗口中点击 "Open Interactive Window" 来启动 REPL 会话，你将会看到 Python 编译版本的 REPL，如图 3-3 所示。

图 3-3　点击 Open Interactive Window 启动 REPL

本书中会有带示例命令的 REPL 会话。如果想在代码中设置任何断点，我鼓励你使用调试二进制文件来运行这些 REPL 会话。

为了更轻松地浏览代码，在 Solution 视图中，点击 Home 图标旁边的切换按钮切换到 Folder 视图，如图 3-4 所示。

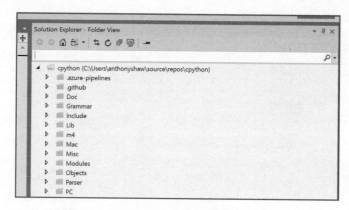

图 3-4   Folder 视图

3.7   PGO

macOS 系统、Linux 系统和 Windows 系统的构建过程提供了 PGO 的标志。PGO 不是由 Python 团队创造的，但它是许多编译器具有的一个特性，CPython 也支持 PGO。

PGO 的工作方式是进行初始编译后，通过运行一系列测试来分析应用程序。然后编译器会分析配置文件，并修改二进制文件以提高性能。

CPython 会在分析阶段运行 python -m test --pgo，这会执行 Lib ▶ test ▶ libregrtest ▶ pgo.py 中指定的回归测试。之所以专门挑选这些测试，是因为它们使用了常用的 C 语言扩展模块或类型。

> **注意**
>
> PGO 过程非常耗时，因此，为了缩短编译时间，我已将其从本书提供的推荐步骤列表中排除。
>
> 如果你想在生产环境中分发自定义编译版本的 CPython，那么应该在 Linux 系统和 macOS 系统上运行 ./configure 时加上 --with-pgo 标志，在 Windows 系统上运行 build.bat 时加上 --pgo 标志。

由于优化是针对执行分析的平台和架构的，因此 PGO 配置文件无法在操作系统或 CPU 架构之间共享。Python 官方网站上的 CPython 发行版已经进行了 PGO，因此如果你在未添加 PGO 编译选项的二进制文件上运行基准测试，那么它会比从 Python 官方网站上下载得慢。

Windows 系统、macOS 系统和 Linux 系统的 PGO 包括以下检查和改进。

- ❑ **函数内联**：如果一个函数经常被另一个函数调用，那么它将被**内联**或复制到调用函数中以减少栈大小。
- ❑ **虚调用推测和内联**：如果一个虚函数调用频繁地指向某个特定函数，那么 PGO 可以插入一个条件执行的直接调用到那个函数中，然后可以内联直接调用。
- ❑ **寄存器分配优化**：基于配置文件数据结果，PGO 将会优化寄存器分配。
- ❑ **基本块优化**：基本块优化允许将给定栈帧内临时执行的常用基本块放置在同一位置或内存页中。这可以最大限度地减少使用的页的数量，从而最大限度地减少内存开销。
- ❑ **热点优化**：可以优化程序执行时间最长的函数来加速。
- ❑ **函数布局优化**：在 PGO 分析调用图后，会把倾向于出现在相同执行路径中的函数移动到已编译应用程序的相同段中。
- ❑ **条件分支优化**：PGO 可以查看诸如 `if ... else if` 或 `switch` 语句之类的条件判断分支，并找出最常用的路径。如果 `switch` 语句中有 10 个 `case` 且 95% 的时间都使用了其中一个，那么该 `case` 将被移至顶部，以便在代码路径中立即执行。
- ❑ **盲区分离**：在 PGO 期间未调用的代码会被移动到应用程序的单独段中。

3.8 小结

在本章中，你了解了如何将 CPython 源代码编译成一个可以工作的解释器。当你跟随本书探索和调整源代码时，将会用到这些知识。

使用 CPython 时，可能需要重复编译步骤数十次甚至数百次。因此你最好现在就调整开发环境以创建重新编译的快捷方式，这样可以节省很多时间。

第 4 章

Python 语言和语法

编译器的用途是将一种语言转换为另一种语言。你可以把编译器想象成一名翻译员，你会雇用这名翻译员将你用中文说的话翻译为另一种语言（如英语）。

为了完成这个翻译任务，翻译员必须理解原始语言和目标语言的语法结构。

一些编译器会将原始语言翻译成系统可以直接执行的底层机器码，另外一些编译器则会将原始语言翻译成可以被虚拟机执行的中间语言。

选择编译器的一个权衡点是要考虑系统可移植性要求。Java 和 NET 公共语言运行时（CLR）会将原始语言编译成一种中间语言，以便编译后的代码能够在多个系统架构中平滑迁移。C/C++、GO 和 Pascal 会将原始语言编译成一个可执行的二进制文件，这个二进制文件是为编译它的系统平台所构建的。

Python 应用程序通常以源代码的形式发布，因为 Python 解释器的目标是转换源代码和执行源代码能一步完成。CPython 运行时会在首次执行代码时进行编译，但这一步对普通用户并不可见。

Python 代码不会被编译成机器码，而是被编译成名为 **bytecode** 的底层中间语言。此类字节码存放于 .pyc 文件中，以便下次执行时从缓存中直接加载。如果你在没有改变源代码的情况下再次运行 Python 应用程序，那么就会发现第二次的运行效率要高于第一次。产生这种情况的原因是，并非每次运行都重新编译，第二次运行应用程序会加载已经编译过的字节码。

4.1 为什么 CPython 是用 C 语言而不是 Python 语言实现的

CPython 中的 C 来源于 C 编程语言，这表明 Python 发行版是用 C 语言写的。

我们有一个比较合理的结论：CPython 中的编译器是用纯 C 语言写的。但许多标准库模块是由纯 Python 语言或者 C 语言和 Python 语言混写而成的。

那为什么 CPython 编译器是用 C 语言而不是 Python 语言实现的呢？

这个问题的答案在于编译器是如何工作的。以下是两种类型的编译器。

(1) 自编译编译器：这是用编译器要编译的语言所写成的编译器，比如 Go 编译器。这是由一个称为**自举**的过程所实现的。

(2) 源到源编译器：这是用另一种已经有编译器的语言实现的编译器。

如果你想从零开始写一门新的编程语言，那么就需要一个可执行应用程序来编译你的编译器。正是由于需要一个能做任何事情的编译器，因此在开发一门新语言的初始阶段，通常需要用一种更老、更稳定的语言来编写。

还有一些工具可以使用语言规范来创建解析器，本书会在后续内容中进行介绍。主流的编译器生成器包括 GNU Bison、Yacc 和 ANTLR。

> **参阅**
>
> 如果你想了解更多关于解析器的信息，那么可以下载并查看 Lark 项目。Lark 是一个用 Python 编写的上下文无关文法的解析器。

Go 编程语言是编译器自举的一个优秀案例。第一个 Go 编译器其实是用 C 语言写的，但当 Go 语言可以被 Go 编译器顺利编译出来后，Go 编译器中的 C 语言部分就被 Go 语言替代了。

CPython 保留了 C 语言的实现。许多标准库模块（比如 ssl 模块或 sockets 模块）是用 C 语言实现的，并且能访问底层操作系统 API。

Windows 内核和 Linux 内核中用来创建网络套接字、使用文件系统或者与显示器交互的 API 都是用 C 语言实现的。因此，Python 的扩展模块主要用 C 语言来实现也是合理的。本书在后续内容中会介绍 Python 标准库和 C 语言模块。

还有一个用 Python 语言实现的 Python 编译器叫作 PyPy。PyPy 的标志是一条衔尾蛇，PyPy 用这个标志来表达自编译特性。

Python 交叉编译器的另一个例子是 Jython。Jython 是用 Java 语言编写的，并且可以将 Python 源代码编译为 Java 字节码。就像在 CPython 中导入 C 语言库会让 Python 语言使用这些模块库更加简单一样，Jython 也让引用 Java 模块及相关类变得更加简单。

创建编译器的第一步是定义语言。例如，以下示例中的代码并不是有效的 Python 代码：

```
def my_example() <str>:
{
    void* result = ;
}
```

在尝试执行某种语言之前，编译器需要为该语言的语法结构制定严格的规则。

> **注意**
>
> 在本书剩余章节中，./python 特指 CPython 的编译版。但实际的命令依赖于你的操作系统。
>
> 对 Windows 系统来说，请执行如下命令：
>
> ```
> > python.exe
> ```
>
> 对 Linux 系统来说，请执行如下命令：
>
> ```
> $ ./python
> ```
>
> 对 macOS 系统来说，请执行如下命令。
>
> ```
> $ ./python.exe
> ```

4.2   Python 语言规范

CPython 源代码文档中包含了 Python 语言的定义，该文档是所有 Python 解释器都要遵守的规范。

人类或机器都可以读懂此规范。规范中的内容是对 Python 语言的详细解释，概述了允许的内容以及每个语句的行为。

4.2.1   语言说明文档

Doc ▶ reference 目录对 Python 语言特性进行了介绍，这些文件形成了官方的 Python 语言参考指南。

此目录中有我们要了解的整个语言、结构体和关键字的文件：

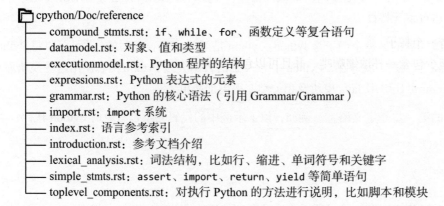

📁 cpython/Doc/reference
- compound_stmts.rst：if、while、for、函数定义等复合语句
- datamodel.rst：对象、值和类型
- executionmodel.rst：Python 程序的结构
- expressions.rst：Python 表达式的元素
- grammar.rst：Python 的核心语法（引用 Grammar/Grammar）
- import.rst：import 系统
- index.rst：语言参考索引
- introduction.rst：参考文档介绍
- lexical_analysis.rst：词法结构，比如行、缩进、单词符号和关键字
- simple_stmts.rst：assert、import、return、yield 等简单语句
- toplevel_components.rst：对执行 Python 的方法进行说明，比如脚本和模块

示例

在 Doc ▶ reference ▶ compound_stmts.rst 中，可以看到一个定义 with 语句的简单例子。

with 语句有很多种用法，最简单的用法是上下文管理器的实例化和嵌套代码块：

```
with x():
    ...
```

可以使用 as 关键字将结果赋值给变量：

```
with x() as y:
    ...
```

另外，还可以使用逗号（,）将上下文管理器连接起来：

```
with x() as y, z() as jk:
    ...
```

此文档是程序员可以直接阅读的语言规范，而机器可以阅读的语言规范位于 Grammar ▶ python.gram 中。

4.2.2　语法文件

Python 语法文件使用的是解析表达式文法（PEG）规范。在语法文件中，可以使用以下符号：

- ❑ * 用于零次或多次重复；
- ❑ + 用于一次或多次重复；
- ❑ [] 用于可选部分；
- ❑ | 用于可选择项；
- ❑ () 用于定义优先级。

下面我们举一个实际例子进行说明。如果让你定义一杯咖啡，你会怎么定义？

- ❑ 它一定有一个杯子。
- ❑ 它必须至少包含一杯浓缩咖啡，并且可以包含多杯。
- ❑ 它可以有牛奶，但这是一个可选项。
- ❑ 它可以有水，但这是一个可选项。
- ❑ 如果它包含牛奶，那么可以是各类牛奶，比如全脂牛奶、脱脂牛奶或豆奶。

如果用 PEG 来定义一杯咖啡，那么一份咖啡订单的定义如下所示。

```
coffee: 'cup' ('espresso')+ ['water'] [milk]
milk: 'full-fat' | 'skimmed' | 'soy'
```

参阅

CPython 3.9 的源代码中有两个语法文件。原有的语法是用一种被称为 BNF（Backus-Naur Form）范式的上下文无关文法编写而成。但 CPython 3.10 已经删除了 BNF 语法文件（Grammar ▶ Grammar）。

BNF 并不仅仅适用于 Python 语言，许多其他语言也用 BNF 定义语法符号。

在本章中，我们将使用铁路图来展示语法。用铁路图定义的咖啡语句如图 4-1 所示。

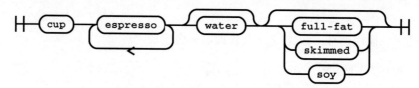

图 4-1　用铁路图展示咖啡语句的定义

在铁路图中，每个可能的组合模式都需要从左到右进行排列，其中可选的语句可以被绕过，而一些语句可以形成循环。

示例：`while` 语句

`while` 语句有多种形式，其中最简单的形式仅包含一个表达式、一个 : 终结符号以及一个代码块：

```
while finished == True:
    do_things()
```

或者，还可以使用赋值表达式，它在语法中被称为 named_expression。这是 Python 3.8 中的新增特性：

```
while letters := read(document, 10):
    print(letters)
```

此外，`while` 语句后面还可以跟一个 else 语句和代码块：

```
while item := next(iterable):
    print(item)
else:
    print("Iterable is empty")
```

如果你在语法文件中搜索 while_stmt，则会看到如下定义：

```
while_stmt[stmt_ty]:
    | 'while' a=named_expression ':' b=block c=[else_block] ...
```

引号中的任何内容都是字符串文字，被称为**终结符号**。终结符号用于识别关键字。

以上两行代码还引用了另外两个定义。

(1) block 指的是包含一个及以上语句的代码块。

(2) named_expression 指的是一个简单表达式或赋值表达式。

用铁路图展示的 while 语句的定义如图 4-2 所示。

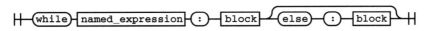

图 4-2　用铁路图展示的 while 语句的定义

try 语句在语法中的定义更加复杂，如下所示。

```
try_stmt[stmt_ty]:
    | 'try' ':' b=block f=finally_block { _Py_Try(b, NULL, NULL, f, EXTRA) }
    | 'try' ':' b=block ex=except_block+ el=[else_block] f=[finally_block]..
except_block[excepthandler_ty]:
    | 'except' e=expression t=['as' z=target { z }] ':' b=block {
        _Py_ExceptHandler(e, (t) ? ((expr_ty) t)->v.Name.id : NULL, b, ...
    | 'except' ':' b=block { _Py_ExceptHandler(NULL, NULL, b, EXTRA) }
finally_block[asdl_seq*]: 'finally' ':' a=block { a }
```

try 语句有以下两种用法。

(1) try 只有一个 finally 语句。

(2) try 有一到多个 except 从句，后面可以跟一个可选的 else 语句和一个可选的 finally 语句。

用铁路图展示的 try 语句的定义如图 4-3 所示。

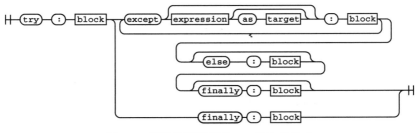

图 4-3　用铁路图展示的 try 语句的定义

如果想详细了解 Python 语言，那么可以通读 Grammar ▶ python.gram 文件中的语法定义。

4.3　解析器生成器

Python 编译器从不使用语法文件。解析器生成器则与之相反，它会加载语法文件并生成解析器。如果你对语法文件进行了修改，则必须重新生成解析器并重新编译 CPython。

CPython 解析器在 Python 3.9 中已经从解析器表自动机（pgen 模块）重写为上下文语法解析器。

在 Python 3.9 中，我们可以通过 -X oldparser 标志在命令行中使用旧解析器。旧解析器在 Python 3.10 中已经完全删除。本书中提到的解析器特指在 Python 3.9 中实现的新解析器。

4.4　重新生成语法

如果你想观察和学习 CPython 3.9 中引入的新 PEG 生成器 pegen，实际上最简单直接的方式就是尝试更改部分 Python 语法。在 Grammar ▶ python.gram 中搜索 small_stmt，small 语句的定义如下所示：

```
small_stmt[stmt_ty] (memo):
    | assignment
    | e=star_expressions { _Py_Expr(e, EXTRA) }
    | &'return' return_stmt
    | &('import' | 'from') import_stmt
    | &'raise' raise_stmt
    | 'pass' { _Py_Pass(EXTRA) }
    | &'del' del_stmt
    | &'yield' yield_stmt
    | &'assert' assert_stmt
    | 'break' { _Py_Break(EXTRA) }
    | 'continue' { _Py_Continue(EXTRA) }
    | &'global' global_stmt
    | &'nonlocal' nonlocal_stmt
```

需要注意的是，'pass' { _Py_Pass(EXTRA) } 这行语法用于定义 pass 语句，如图 4-4 所示。

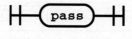

图 4-4　pass 关键字

可以通过添加|以及 'proceed' 字面量来更改此行，使得 small 语句接受终结符号（关键字）'pass' 或 'proceed' 作为关键字，如图 4-5 所示。

```
| ('pass'|'proceed') { _Py_Pass(EXTRA) }
```

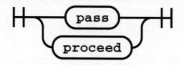

图 4-5　pass 关键字和 proceed 关键字

接下来，让我们一起重新构建语法文件。CPython 附带了执行脚本，可以自动重新生成语法。

在 macOS 系统和 Linux 系统上，可以运行 make regen-pegen 命令：

```
$ make regen-pegen
```

在 Windows 系统上，可以使用 --regen 标志来运行 PCBuild 目录中的 build.bat：

```
> build.bat --regen
```

你应该能在控制台输出上看到已重新生成的 Parser ▶ pegen ▶ parse.c 文件。

当使用重新生成的解析器表来重新编译 CPython 时，它将使用新的语法。你可以使用第 3 章中在本地操作系统上执行的编译步骤重新进行编译。

如果代码编译成功，那么就可以使用新的 CPython 二进制执行文件并启动一个 REPL。

在 REPL 中，你可以尝试定义一个函数。用新编译进 Python 语法中的 proceed 关键字来代替 pass 语句：

```
$ ./python

Python 3.9 (tags/v3.9:9cf67522, Oct 5 2020, 10:00:00)
[Clang 10.0.1 (clang-1001.0.46.4)] on darwin
Type "help", "copyright", "credits" or "license" for more information.
>>> def example():
...     proceed
...
>>> example()
```

恭喜你，你已经修改了 CPython 语法并编译出了属于自己的 CPython 版本。

接下来，我们将继续学习单词符号以及其与语法的关系。

单词符号

在 Grammar 文件夹中，除了语法文件，还有一个 Grammar ▶ Tokens 文件，该文件中包含了解析树的叶子节点上能够找到的所有类型。每个单词符号都有一个名字和一个生成的唯一 ID。这些名字使得引用分词器（tokenizer）中的单词符号变得更加简单。

> **注意**
>
> Grammar ▶ Tokens 文件是 Python 3.8 中的新特性。

例如，左括号被称为 LPAR，分号被称为 SEMI。本书后半部分会介绍这些单词符号。

```
LPAR                    '('
RPAR                    ')'
LSQB                    '['
RSQB                    ']'
```

```
COLON                       ':'
COMMA                       ','
SEMI                        ';'
```

与修改 Grammar 文件一样，如果修改了 Grammar ▶ Token 文件，那么就需要重新运行 pegen。

如果想查看单词符号的运行情况，那么可以使用 CPython 中的 tokenize 模块。

> **注意**
>
> 用 Python 编写的分词器是一个非常实用的程序模块。实际上，Python 解析器会使用不同的
> 过程来识别单词符号。

创建名为 test_tokens.py 的简单 Python 脚本的代码如下所示：

```
# Demo application
def my_function():
    proceed
```

如果将 test_tokens.py 文件输入到 Python 的 tokenize 标准库中，你会看到许多按行展开的单
词符号和字符。可以使用 -e 标志来输出准确的单词符号名称：

```
$ ./python -m tokenize -e test_tokens.py

0,0-0,0:          ENCODING      'utf-8'
1,0-1,14:         COMMENT       '# Demo application'
1,14-1,15:        NL            '\n'
2,0-2,3:          NAME          'def'
2,4-2,15:         NAME          'my_function'
2,15-2,16:        LPAR          '('
2,16-2,17:        RPAR          ')'
2,17-2,18:        COLON         ':'
2,18-2,19:        NEWLINE       '\n'
3,0-3,3:          INDENT        '    '
3,3-3,7:          NAME          'proceed'
3,7-3,8:          NEWLINE       '\n'
4,0-4,0:          DEDENT        ''
4,0-4,0:          ENDMARKER     ''
```

在输出中，第 1 列是行和列的坐标范围，第 2 列是单词符号的名称，最后一列是单词符号
的值。

另外，tokenize 模块已经输出了几个单词符号：

❑ ENCODING 用于 utf-8 编码；

❑ DEDENT 用于结束函数声明；

❑ ENDMARKER 用于结束文件；

❑ 结尾处是一个空行。

开发 Python 应用程序的最佳实践是在 Python 源文件末尾保留一个空行。忘记这样做也没关系，因为 CPython 会为我们自动补上末尾的空行。

tokeinze 模块是用纯 Python 语言开发的，相关代码位于 Lib ▸ tokenize.py 文件中。

要查看 C 语言解析器的详细输出，可以使用 -d 标志来获取 Python 解释器的调试输出。你可以使用之前创建的 test_tokens.py 脚本，用如下命令来执行：

```
$ ./python -d test_tokens.py

> file[0-0]: statements? $
 > statements[0-0]: statement+
  > _loop1_11[0-0]: statement
   > statement[0-0]: compound_stmt
...
 + statements[0-10]: statement+ succeeded!
+ file[0-11]: statements? $ succeeded!
```

在输出中，可以非常明显地看到 procceed 是一个关键字。在第 5 章中，我们将继续学习执行中的 Python 二进制文件如何进入分词器中以及在那里执行代码会发生什么。

如果要清理代码，请回退对 Grammar ▸ python.gram 文件的修改，重新生成语法文件，然后再清理构建并重新编译。

对于 macOS 系统或 Linux 系统，请使用以下命令：

```
$ git checkout -- Grammar/python.gram
$ make regen-pegen
$ make -j2 -s
```

对于 Windows 系统，请使用以下命令。

```
> git checkout -- Grammar/python.gram
> build.bat --regen
> build.bat -t CleanAll
> build.bat -t Build
```

4.5　小结

本章我们学习了 Python 语法的定义和解析器生成器。在第 5 章中，我们将扩展这些知识，以构建一个更加复杂的语法特性：一个约等于运算符。

在实际的 Python 演进中，对 Python 语法的修改必须经过充分思考和讨论。因此，我们需要在以下两方面做出权衡。

(1) 拥有太多语言功能或复杂的语法将与 Python 简单易读的语言精神背道而驰。

(2) 对语法的修改会引入很多前向兼容问题，这会增加所有开发人员的工作量。

如果 Python 核心开发者提议对语法进行修改，那么就必须将其作为 Python 增强建议（PEP）提出来。PEP 索引会对所有 PEP 进行编号和管理。PEP 5 记录了修改 Python 语言的指导规范，并且规定语法修改必须在 PEP 中提出并进行充分讨论。

我们可以在 PEP 索引中看到处于各种演进状态的 PEP。非核心开发者团队的成员也可以通过 python-ideas 邮箱列表提出对语法修改的建议。

一旦 PEP 成为共识并最终确定草案，指导委员会就必须给出明确结论。PEP 13 定义了指导委员会的工作职责，他们将"尽力保持 Python 语言和 CPython 解释器的质量和稳健性"。

第5章

配置和输入

现在你已经了解了 Python 的语法，是时候深入探索 Python 代码如何进入可执行状态了。

在 CPython 中运行 Python 代码的方式有很多种。下面是一些常用的方法。

(1) 通过 `python -c` 命令加 Python 字符串来运行。

(2) 通过 `python -m` 命令加模块名称来运行。

(3) 通过 `python <file>` 来运行，其中 `<file>` 为文件的具体路径，并且文件中包含 Python 代码。

(4) 通过标准输入将 Python 代码通过管道传输到可执行文件中，比如 `cat <file> | python`。

(5) 通过启动 REPL 来执行命令。

(6) 通过 C 语言 API 将 Python 作为嵌入式环境。

要执行任何 Python 代码，解释器需要具备 3 个条件。

(1) 要执行的模块。

(2) 用于保存变量等信息的状态。

(3) 配置项，比如开启了哪些选项。

有了这 3 个组件，解释器就可以执行代码并输出图 5-1 所示的结果。

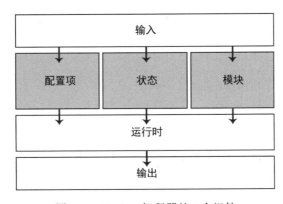

图 5-1　CPython 解释器的 3 个组件

> **注意**
>
> 与 Python 的编码规范 PEP 8 类似，CPython 中 C 语言代码的编码规范叫作 PEP 7。PEP 7 中包括以下 C 语言源代码的命名标准。
>
> ❑ Py 前缀用于公共函数，而不是静态函数。
> ❑ Py_ 前缀是为全局服务例行程序保留的，比如 Py_FatalError。特定的例行程序组（如特定对象类型的 API）则使用更长的前缀，比如字符串函数会使用 PyString_ 作为前缀。
> ❑ 公共函数和变量的命名规则是大小写混写，且单词之间用下划线分隔，比如 PyObject_GetAttr()、Py_BuildValue() 和 PyExc_TypeError()。
> ❑ 需要对加载器可见的内部函数应该保留 _Py 前缀，比如 _PyObject_Dump()。
> ❑ 宏的前缀是大小写混合的，之后的部分使用大写字母，所有单词由下划线分隔，比如 PyString_AS_STRING 和 Py_PRINT_RAW。
>
> 与 PEP 8 不同，用于检查是否符合 PEP 7 规范的工具很少。因此，这部分规范性的审查任务需要通过核心开发者参与到代码检视中来完成。与其他所有人工操作的流程一样，这种类型的审查并不能预防错误，所以你可能会发现不符合 PEP 7 规范的代码。
>
> smelly.py 脚本是用来自动化检查是否符合 PEP 7 规范的唯一工具，该脚本可以在 Linux 系统或 macOS 系统上通过 make smelly 来执行，或通过以下命令行来执行：
>
> ```
> $ ./python Tools/scripts/smelly.py
> ```
>
> 一旦发现任何属于 libpython（共享 CPython 库）的符号不以 Py 或 _Py 开头，执行的脚本就会报错。

5.1　配置状态

在执行 Python 代码之前，CPython 首先会对运行时和用户选项进行配置。

运行时的配置存放于 3 个位置，PEP 587 中定义了相关的数据结构。

(1) PyPreConfig，用于预初始化配置。
(2) PyConfig，用于运行时配置。
(3) CPython 解释器编译选项的配置。

PyPreConfig 和 PyConfig 的数据结构都定义在 Include ▶ cpython ▶ initconfig.h 文件中。

5.1.1 预初始化配置

预初始化配置与运行时配置是分开的，因为预初始化配置的属性与操作系统或用户环境相关。

`PyPreConfig` 有 3 个主要功能。

(1) 设置 Python 内存分配器。
(2) 将 LC_CTYPE 区域配置为系统或用户首选的区域。
(3) 设置 UTF-8 模式（PEP 540）。

`PyPreConfig` 结构体包含以下属性，它们都是 `int` 类型。

- `allocator`：选择一个内存分配器，比如 `PYMEM_ALLOCATOR_MALLOC`。运行 `./configure --help` 可以获取有关内存分配器的详细信息。
- `configure_locale`：将 LC_CTYPE 区域配置为用户首选的区域。如果该参数等于 0，则将 `coerce_c_locale` 和 `coerce_c_locale_warn` 设置为 0。
- `coerce_c_locale`：如果该参数等于 2，则强制使用 C 语言区域配置；如果该参数等于 1，则读取 LC_CTYPE 的区域配置来决定是否强制使用 C 语言区域配置。
- `coerce_c_locale_warn`：如果该参数不为 0，则在强制使用 C 语言区域配置时会发出警告。
- `dev_mode`：启用开发模式。
- `isolated`：当启用隔离模式时，`sys.path` 既不包含脚本的目录，也不包含用户的 site-packages 目录。
- `legacy_windows_fs_encoding`：该参数只在 Windows 系统下使用。如果该参数不为 0，则禁用 UTF-8 模式并设置 Python 文件系统编码模式为 `mbcs`。
- `parse_argv`：如果该参数不为 0，则使用命令行参数。
- `use_environment`：如果该参数大于 0，则使用环境变量。
- `utf8_mode`：如果该参数不为 0，则启用 UTF-8 模式。

5.1.2 相关源文件

表 5-1 展示了与 `PyPreConfig` 相关的源文件。

表 5-1　与 `PyPreConfig` 相关的源文件及其用途

文　件	用　途
Python ▸ initconfig.c	从系统环境加载配置，并将其与命令行中输入的信息进行合并
Include ▸ cpython ▸ initconfig.h	定义了初始化配置的数据结构

5.1.3　运行时配置数据结构

第二阶段配置是运行时配置。`PyConfig` 中的运行时配置数据结构包含了下面这些值。

- ❑ 调试、优化等模式的运行时标志。
- ❑ 执行模式，比如脚本文件、标准输入或模块。
- ❑ 扩展选项，通过 `-X <选项>` 的方式来指定。
- ❑ 运行时设置的环境变量。

CPython 运行时使用配置数据来启用和禁用某项特性。

5.1.4　通过命令行来设置运行时配置

Python 还附带了几个命令行接口选项。例如，CPython 有一个名为 **verbose** 的模式，该模式主要面向开发者，以用于调试 CPython。

可以通过 `-v` 标志启用 verbose 模式，当模块被加载时，Python 会将信息打印在屏幕上：

```
$ ./python -v -c "print('hello world')"

# 安装 zipimport
import zipimport # 内建模块
# 已安装的 zipimport
...
```

可以看到，屏幕上打印出了上百条甚至更多的模块加载信息，包含用户 site-packages 和系统环境中的其他模块。

由于运行时配置可以通过多种方式进行设置，因此各个配置设置之间是有优先顺序的。verbose 模式的优先顺序如下。

(1) `config->verbose` 的默认值是 `-1`，硬编码在源代码中。

(2) 环境变量 `PYTHONVERBOSE` 用来设置 `config->verbose` 的值。

(3) 如果环境变量不存在，那么将会保留默认值 `-1`。

(4) 在 Python▸initconfig.c 文件的 `config_parse_cmdline()` 方法中，如果提供命令行标志，那么该标志也会被用来设置值。

(5) `Py_VerboseFlag` 通过 `_Py_GetGlobalVariablesAsDict()` 方法被复制到全局变量中。

所有的 `PyConfig` 值都遵循相同的排列和优先顺序，如图 5-2 所示。

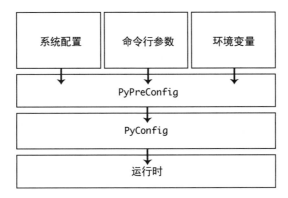

图 5-2　运行时配置顺序

5.1.5　查看运行时标志

CPython 解释器有一组**运行时标志**，这些标志是用于切换 CPython 相关行为的高级特性。在 Python 会话中，可以使用 `sys.flags` 命名元组来访问运行时标志（比如 verbose 模式和 quiet 模式）。

所有通过 `-X` 指定的标志都会存储在 `sys._xoptions` 字典中。

```
$ ./python -X dev -q

>>> import sys
>>> sys.flags
sys.flags(debug=0, inspect=0, interactive=0, optimize=0,
 dont_write_bytecode=0, no_user_site=0, no_site=0,
 ignore_environment=0, verbose=0, bytes_warning=0,
 quiet=1, hash_randomization=1, isolated=0,
 dev_mode=True, utf8_mode=0)

>>> sys. xoptions
{'dev': True}
```

5.2　构建配置

除了 Include ▶ cpython ▶ initconfig.h 文件中的运行时配置，根目录的 pyconfig.h 文件中还有一个构建配置。该构建配置位于根目录的 pyconfig.h 文件中，这个文件是在执行 `./configure`（对于 macOS 系统和 Linux 系统）或 `build.bat`（对于 Windows 系统）过程中动态创建的。

执行以下命令即可看到构建配置：

```
$./python -m sysconfig

Platform: "macosx-10.15-x86_64"
Python version: "3.9"
Current installation scheme: "posix_prefix"
```

```
Paths:
    data = "/usr/local"
    include = "/Users/anthonyshaw/CLionProjects/cpython/Include"
    platinclude = "/Users/anthonyshaw/CLionProjects/cpython"
...
```

构建配置属性属于编译时的值,这些配置属性用于选择将要链接到二进制文件中的附加模块。例如,调试器、检测库和内存分配器都是在编译时进行设置的。

现在,通过以上 3 个配置阶段(预初始化配置、运行时配置和构建配置),CPython 解释器就可以将文本输入转换为可执行代码了。

5.3 从输入构建模块

任何代码在执行之前都要从输入编译成模块。正如之前我们所讨论的那样,输入的类型可以有多种形式:

- ❑ 本地文件和包;
- ❑ 输入/输出流,比如标准输入或内存管道;
- ❑ 字符串。

读取输入的内容,传递给解析器,然后再传递给编译器,如图 5-3 所示。

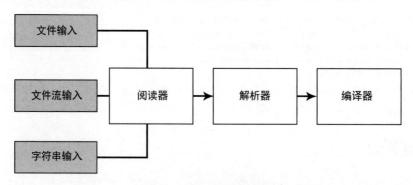

图 5-3　输入的传递过程

由于输入类型的灵活性,因此有很大一部分 CPython 源代码会专门处理 CPython 解析器的输入。

5.3.1　相关的源文件

表 5-2 展示了用于处理命令行的 4 个主要文件。

表 5-2　用于处理命令行的 4 个主要文件及其用途

文　件	用　途
Lib ▶ runpy.py	标准库模块，用于导入 Python 模块并执行
Modules ▶ main.c	对外部代码（如文件、模块或输入流）的执行进行函数封装
Programs ▶ python.c	Python 可执行文件的入口，适用于 Windows 系统、Linux 系统和 macOS 系统，仅用作 Modules ▶ main.c 的装饰器
Python ▶ pythonrun.c	对内部 C 语言 API 进行函数封装以处理来自命令行的输入

5.3.2　读取文件和输入

当 CPython 有了运行时配置和命令行参数后，就可以加载它所需要执行的代码了，这个任务由 Modules ▶ main.c 文件中的 pymain_main() 函数来完成。

CPython 现在可以通过新创建的 PyConfig 实例中指定的选项来执行应用程序的代码。

5.3.3　从命令行输入字符串

CPython 可以通过指定 -c 选项使得命令行模式执行一个很小的 Python 应用程序。例如，思考一下当执行 print(2 ** 2) 时会发生什么：

```
$ ./python -c "print(2 ** 2)"

4
```

首先，在 Modules ▶ main.c 文件中执行 pymain_run_command() 函数，该函数会将命令行中通过 -c 传入的命令作为 wchar_t* 类型的参数。

> **注意**
>
> wchar_t* 类型通常会作为 CPython 中 Unicode 数据的底层存储类型，因为这种类型规格可以存储 UTF-8 字符。
>
> 当解析器将 wchar_t* 类型转换成 Python 字符串时，Objects ▶ unicodeobject.c 文件中有一个叫作 PyUnicode_FromWideChar() 的辅助函数会返回 Unicode 字符串，之后会由 PyUnicode_AsUTF8String() 完成 UTF-8 编码。
>
> 关于 Python 的 Unicode 字符串的内容，11.6 节会详细介绍。

一旦解析器完成此操作，pymain_run_command() 就会把 Python 字节对象传递给 PyRun_SimpleStringFlags() 来执行。

PyRun_SimpleStringFlags() 函数是 Python ▶ pythonrun.c 文件的一部分，该函数的目的是将

字符串转换成 Python 模块，然后将其发送出去执行。

Python 模块需要有一个入口点 __main__，这样它才能作为独立模块执行。PyRun_Simple-StringFlags() 函数则会隐式地创建入口点。

一旦创建了模块和字典，PyRun_SimpleStringFlags() 就会调用 PyRun_StringFlags()。PyRun_SimpleStringFlags() 会创建一个假的文件名，然后调用 Python 解析器从字符串创建抽象语法树并返回一个模块。第 6 章将介绍更多关于抽象语法树的信息。

> **注意**
>
> Python 模块是将解析后的代码交给编译器的数据结构。Python 模块的 C 语言数据结构名为 mod_ty，定义在 Include ▶ Python-ast.h 文件中。

5.3.4　通过本地模块输入

执行 Python 命令的另一种方法是将 -m 选项与模块名一起使用，一个常见的例子是 python -m unittest，它可以在标准库中运行 unittest 模块。

以脚本形式来执行模块的想法最初是在 PEP 338 中提出来的，而 PEP 366 中定义了显式相对导入的规范标准。

-m 标志意味着，在模块包中，我们想要执行入口点 __main__ 中的所有内容。这也意味着我们想要在 sys.path 中搜索命名模块。

由于导入库（importlib）中的这种搜索机制，因此我们不需要记住 unittest 模块在文件系统中的存储位置。

CPython 会导入一个标准库模块 runpy 并通过 PyObject_Call() 来执行，导入的过程由一个名为 PyImport_ImportModule() 的 C 语言 API 函数来完成，该函数定义在 Python ▶ import.c 文件中。

> **注意**
>
> 在 Python 中，如果你有一个对象并且想要获取其属性，那么可以调用 getattr()。在 C 语言 API 中则需要调用定义在 Objects ▶ object.c 文件中的 PyObject_GetAttrString()。
>
> 如果你想运行一个可调用的方法，则可以给它加上括号，或者在任意 Python 对象上调用 __call__() 属性。__call__() 方法的代码实现位于 Objects ▶ object.c 文件中。
>
> ```
> >>> my_str = "hello, world"
> >>> my_str.upper()
> 'HELLO, WORLD'
> >>> my_str.upper.__call__()
> 'HELLO, WORLD'
> ```

runpy 模块是用纯 Python 语言实现的，其位于 Lib ▶ runpy.py 文件中。

执行 python -m <module> 相当于运行 python -m runpy <module>。创建 runpy 模块是为了将操作系统上定位和执行模块的过程抽象出来。

为了运行目标模块，runpy 做了以下 3 件事：

❑ 为指定的模块名调用 __import__() 方法；
❑ 将 __name__（模块名称）设置到名为 __main__ 的命名空间中；
❑ 在 __main__ 命名空间中执行模块。

runpy 模块还支持执行目录和 zip 文件。

5.3.5　来自脚本文件或标准输入的输入

如果 Python 执行时的第一个参数是一个文件名（如 python test.py），那么 CPython 就会打开一个文件句柄并将其传递给位于 Lib ▶ runpy.py 文件中的 PyRun_SimpleFileExFlags() 函数。

这个方法可以处理 3 种类型的文件路径。

(1) 如果文件路径是 .pyc 文件，那么它会调用 run_pyc_file()。
(2) 如果文件路径是脚本文件（.py），那么它会调用 PyRun_FileExFlags()。
(3) 如果文件路径是 stdin（比如用户执行了 <command> | python），那么它会把 stdin 作为一个文件句柄并调用 PyRun_FileExFlags()。

对于 stdin 和基本的脚本文件，CPython 会把文件句柄传递给位于 Python ▶ pythonrun.c 文件中的 PyRun_FileExFlags() 函数。

PyRun_FileExFlags() 的目的类似于 PyRun_SimpleStringFlags()。CPython 会将文件句柄加载到 PyParser_ASTFromFileObject() 中。

与 PyRun_SimpleStringFlags() 相同，一旦 PyRun_FileExFlags() 从文件中创建了一个 Python 模块，就会将此模块发送给 run_mod() 执行。

5.3.6　从编译好的字节码输入

如果用户运行带有 .pyc 文件路径的 Python 可执行程序，那么 CPython 不会把这个文件作为纯文本文件进行加载和解析，而是会假定 .pyc 文件中包含一个写入磁盘的代码对象（code object）。

PyRun_SimpleFileExFlags() 中的一个子句将会为用户提供加载 .pyc 文件的文件路径。

Python ▶ pythonrun.c 文件中的 run_pyc_file() 函数会使用文件句柄将 .pyc 文件反序列化

（marshal）为代码对象。

CPython 编译器会将已编译为代码对象的数据结构存放到磁盘上，这样它就不需要在每次执行脚本时都重新解析了。

> **注意**
>
> marshaling 的意思是将文件的内容复制到内存并将它们转换为特定的数据结构。

一旦代码对象被反序列化到内存中，它就会被发送到 run_eval_code_obj() 中，该函数接下来会调用 Python ▶ ceval.c 来执行代码。

5.4　小结

在本章中，我们学习了如何加载 Python 的诸多配置选项，以及如何将代码输入到解释器中。

Python 在输入方面的灵活性使其成为支撑一系列应用程序的出色工具，以下是其中的几个应用程序：

- 命令行实用程序；
- 长时间运行的网络应用程序，比如 Web 服务器；
- 简短、可组合的脚本。

Python 可以通过多种方式设置配置属性，这就导致了 Python 语言的复杂性。例如，你基于 Python 3.8 测试了一个 Python 应用程序，并且它能正确执行，但在另一个不同的环境下，它执行失败了，这时你就需要了解在该系统环境下哪些设置是不同的。

这也就意味着你需要检查系统环境变量、运行时标志，甚至是系统配置属性。

在系统配置中找到的编译时属性在各个 Python 发行版中可能有所不同。例如，从 Python 官方网站下载的适用于 macOS 系统的 Python 3.8 的默认值与 Homebrew 上的 Python 3.8 发行版或 Anaconda 发行版上的默认值就有所不同。

所有这些输入方法都会输出一个 Python 模块。在第 6 章中，我们将了解如何根据输入的内容来创建模块。

第6章

基于语法树的词法分析和语法解析

在第 5 章中，我们探索了如何从各类来源中读取 Python 文本。接下来读取的 Python 文本需要转换成编译器可以使用的结构。

这个过程就是**解析**（parsing），如图 6-1 所示。

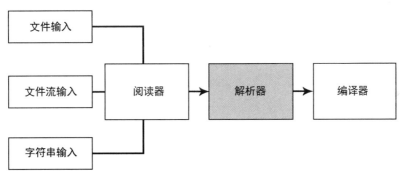

图 6-1　解析过程

本章将继续探索如何将文本解析为可以编译的逻辑结构。

CPython 会使用**具象语法树（CST）**和**抽象语法树（AST）**这两种结构来解析代码，如图 6-2 所示。

图 6-2　词法分析和语法解析

解析过程分为以下两个步骤。

(1) 使用**解析器-分词器**（parser-tokenizer）或词法分析器（lexer）创建具象语法树。

(2) 使用**解析器**从具象语法树创建出抽象语法树。

这两个步骤是许多计算机语言会使用的常见范式。

6.1　具象语法树生成器

具象语法树（有时也称语法解析树）是用于表示上下文无关文法中代码的一种有序且有根的树结构。

具象语法树是由**分词器**和**解析器**创建出来的。我们已经在第 4 章中学习了解析器生成器。解析器生成器的输出是一张有限自动机（DFA）解析表，其描述了上下文无关文法中的可能状态。

> **参阅**
>
> Python 之父 Guido van Rossum 开发了一种上下文有关文法，并将其用于 CPython 3.9 中，以作为 LL(1) 文法的替代方案。LL(1) 文法是 CPython 旧版本的文法。新文法被称为 **PEG**。
>
> PEG 解析器在 Python 3.9 中已经可以使用了，Python 3.10 中则完全删除了旧的 LL(1) 文法。

在第 3 章中，我们已经学习了一些表达式类型，比如 if_stmt 和 with_stmt。具象语法树会将语法符号（如 if_stmt）作为分支，将单词符号和终结符号作为叶子节点。

图 6-3 展示了将算术表达式 a + 1 转换成具象语法树的过程。

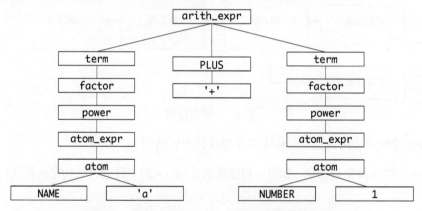

图 6-3　将算术表达式 a + 1 转换成具象语法树

一个算术表达式在这里用 3 个分支来表示：左分支、运算符分支和右分支。

解析器会解析输入流中的单词符号，并与语法中的可能状态和单词符号相匹配，以构建具象语法树。

图 6-3 的具象语法树中展示的所有符号都被定义在 Grammar ▶ Grammar 文件中：

```
arith_expr: term (('+'|'-') term)*
term: factor (('*'|'@'|'/'|'%'|'//') factor)*
factor: ('+'|'-'|'~') factor | power
```

```
power: atom_expr ['**' factor]
atom_expr: [AWAIT] atom trailer*
atom: ('(' [yield_expr|testlist_comp] ')' |
       '[' [testlist_comp] ']' |
       '{' [dictorsetmaker] '}' |
       NAME | NUMBER | STRING+ | '...' | 'None' | 'True' | 'False')
```

单词符号被定义在 Grammar ▶ Tokens 文件中：

```
ENDMARKER
NAME
NUMBER
STRING
NEWLINE
INDENT
DEDENT

LPAR                    '('
RPAR                    ')'
LSQB                    '['
RSQB                    ']'
COLON                   ':'
COMMA                   ','
SEMI                    ';'
PLUS                    '+'
MINUS                   '-'
STAR                    '*'
...
```

NAME 单词符号可以表示变量、函数、类或模块的名称。但 Python 的语法没有将 NAME 作为保留关键字之一，就像 await 和 async，或是数值及其他字面量类型一样。

如果你尝试定义一个名为 1 的函数，那么 Python 就会抛出一个语法错误：

```
>>> def 1():
  File "<stdin>", line 1
    def 1():
        ^
SyntaxError: invalid syntax
```

NUMBER 是一种特殊的单词符号类型，可以表示 Python 的许多数值。Python 有一个特殊的数值语法，其可以包含以下数值：

❑ 八进制值，如 0o20；

❑ 十六进制值，如 0x10；

❑ 二进制值，如 0b10000；

❑ 复数，如 10j；

❑ 浮点数，如 1.01；

❑ 下划线作为逗号，如 1_000_000。

可以通过 Python 中的 symbol 模块和 token 模块看到编译后的符号和单词符号。

```
$ ./python
>>> import symbol
>>> dir(symbol)
['_builtins_', '_cached_', '_doc_', '_file_', '_loader_',
 '_name_', '_package_', '_spec_', '_main', '_name_', '_value',
 'and_expr', 'and_test', 'annassign', 'arglist', 'argument',
 'arith_expr', 'assert_stmt', 'async_funcdef', 'async_stmt',
 'atom', 'atom_expr',
...
>>> import token
>>> dir(token)
['AMPER', 'AMPEREQUAL', 'AT', 'ATEQUAL', 'CIRCUMFLEX',
 'CIRCUMFLEXEQUAL', 'COLON', 'COMMA', 'COMMENT', 'DEDENT', 'DOT',
 'DOUBLESLASH', 'DOUBLESLASHEQUAL', 'DOUBLESTAR', 'DOUBLESTAREQUAL',
...
```

6.2   CPython 解析器-分词器

编程语言对词法分析器有各种实现。有些语言会将词法分析器生成器作为解析器生成器的一个补充。

CPython 有一个用 C 语言编写的解析器-分词器模块。

6.2.1   相关源文件

表 6-1 中展示了与解析器-分词器相关的源文件。

表 6-1   与解析器-分词器相关的源文件及其用途

文　　件	用　　途
Python ▶ pythonrun.c	从代码输入开始执行解析器和编译器
Parser ▶ parsetok.c	解析器和分词器的实现
Parser ▶ tokenizer.c	分词器的实现
Parser ▶ tokenizer.h	描述单词符号状态等数据模型的分词器实现的头文件
Include ▶ token.h	单词符号类型声明，由 Tools ▶ scripts ▶ generate_token.py 文件生成
Include ▶ node.h	用于分词器的语法解析树节点接口和宏定义

6.2.2   从文件向解析器中输入数据

解析器-分词器的函数入口是 PyParser_ASTFromFileObject()，该函数会获取文件句柄、编译器标志和 PyArena 实例，并把文件对象转换为一个模块。

这主要通过以下两个步骤来实现。

(1) 使用 PyParser_ParseFileObject() 函数将输入的文件对象转换成具象语法树。

(2) 使用抽象语法树函数 PyAST_FromNodeObject() 将具象语法树转换为抽象语法树或模块。

PyParser_ParseFileObject() 函数有两个重要任务。

(1) 使用 PyTokenizer_FromFile() 创建一个分词器状态实例 tok_state。

(2) 使用 parsetok() 将单词符号转换为具象语法树（由一系列节点构成）。

6.2.3 解析器–分词器工作流

解析器–分词器会接受文本输入并循环执行分词器和解析器，直到解析完文本输入为止（或者出现一个语法错误而导致结束）。

在执行解析前，解析器–分词器会先创建一个 tok_state 实例，分词器会将所有的状态都存放到这个临时的数据结构中。分词器状态包括当前光标位置、行等信息。

解析器–分词器通过调用 tok_get() 来获取下一个单词符号。解析器–分词器会将生成的单词符号 ID 传递给解析器，然后解析器会使用解析器生成器生成的 DFA 在具象语法树上创建节点。

tok_get() 函数是整个 CPython 代码库中最复杂的函数之一。这个函数中的代码已经超过了640 行，并且包含了几十年来的边缘案例、新语言特性和语法。

循环调用分词器和解析器的流程如图 6-4 所示。

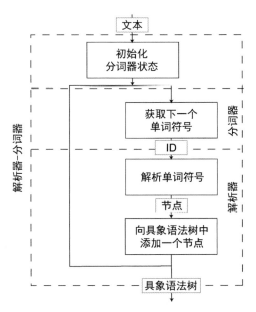

图 6-4 循环调用分词器和解析器

由 PyParser_ParseFileObject() 函数返回的具象语法树根节点对下一阶段（将具象语法树转换为抽象语法树）来说必不可少。

节点类型定义在 Include ▸ node.h 文件中：

```
typedef struct _node {
    short           n_type;
    char            *n_str;
    int             n_lineno;
    int             n_col_offset;
    int             n_nchildren;
    struct _node    *n_child;
    int             n_end_lineno;
    int             n_end_col_offset;
} node;
```

由于具象语法树是一棵包含语法、单词符号 ID 和符号的树，因此编译器很难基于 Python 代码做出快速决策。

在学习抽象语法树之前，有一种方法可以看到解析阶段的输出：CPython 有一个叫作 parser 的标准模块，该模块使用了 Python API 对外提供的一个 C 语言函数。

解析输出的结果是一个数值，parser 模块内部使用了由 make regen-grammar 阶段产生的单词符号和符号数值，并将它们存储在 Include ▸ token.h 头文件中：

```
>>> from pprint import pprint
>>> import parser
>>> st = parser.expr('a + 1')
>>> pprint(parser.st2list(st))
[258,
 [332,
  [306,
   [310,
    [311,
     [312,
      [313,
       [316,
        [317,
         [318,
          [319,
           [320,
            [321, [322, [323, [324, [325, [1, 'a']]]]]],
            [14, '+'],
            [321, [322, [323, [324, [325, [2, '1']]]]]]]]]]]]]]]]],
 [4, ''],
 [0, '']]
```

为了更容易理解这些输出信息，可以将 symbol 模块和 token 模块中的所有数值都放到字典中，然后递归地将 parser.st2list() 的输出值替换为单词符号的名字。

cpython-book-samples ▶ 21 ▶ lex.py

```python
import symbol
import token
import parser

def lex(expression):
    symbols = {v: k for k, v in symbol._dict_.items()
                if isinstance(v, int)}
    tokens = {v: k for k, v in token._dict_.items()
                if isinstance(v, int)}
    lexicon = {**symbols, **tokens}
    st = parser.expr(expression)
    st_list = parser.st2list(st)

    def replace(l: list):
        r = []
        for i in l:
            if isinstance(i, list):
                r.append(replace(i))
            else:
                if i in lexicon:
                    r.append(lexicon[i])
                else:
                    r.append(i)
        return r

return replace(st_list)
```

可以用 `lex()` 函数来运行一个简单的表达式，比如查看如何将 a + 1 表示成一棵语法解析树：

```python
>>> from pprint import pprint
>>> pprint(lex('a + 1'))

['eval_input',
 ['testlist',
  ['test',
   ['or_test',
    ['and_test',
     ['not_test',
      ['comparison',
       ['expr',
        ['xor_expr',
         ['and_expr',
          ['shift_expr',
           ['arith_expr',
            ['term',
             ['factor', ['power', ['atom_expr', ['atom',
['NAME', 'a']]]]]],
            ['PLUS', '+'],
            ['term',
             ['factor',
              ['power', ['atom_expr', ['atom', ['NUMBER',
'1']]]]]]]]]]]]]]]]]],
```

```
['NEWLINE', ''],
['ENDMARKER', '']]
```

在控制台输出中,你可以看到小写的符号(如 arith_expr)和大写的单词符号(如 NUMBER)。

6.3 抽象语法树

CPython 解释器的下一个阶段是将解析器生成的具象语法树转换成更抽象且能执行的东西。

具象语法树是代码文件中文本的字面表示。在这个阶段,具象语法树可能是多种语言。Python 的基本语法结构已经被解析出来,但你无法使用具象语法树来建立函数、作用域或 Python 语言的任何核心特性。

编译代码前,需要将具象语法树转换为能表示 Python 实际结构的更高层次的结构。这个能表示具象语法树的结构被称为抽象语法树。

抽象语法树中的二元运算操作被称为 BinOp,并被定义为一种表达式类型。它由以下 3 部分构成。

(1) left:运算的左侧部分。
(2) op:运算符,如+、-或*。
(3) right:运算的右侧部分。

a+1 的抽象语法树定义如图 6-5 所示。

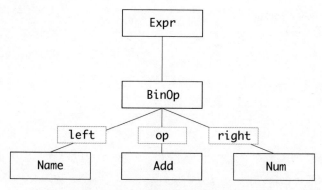

图 6-5 用抽象语法树定义 a+1

不仅可以使用 CPython 语法解析器生成抽象语法树,也可以使用标准库中的 ast 模块从 Python 代码生成抽象语法树。

在深入探究抽象语法树的实现之前,使用一些基础的 Python 代码来理解抽象语法树将会对我们有所帮助。

6.3.1　相关源文件

表 6-2 展示了与抽象语法树相关的源文件。

表 6-2　与抽象语法树相关的源文件及其用途

文　件	用　途
Include ▶ Python-ast.h	抽象语法树节点类型声明，由 Parser ▶ asdl_c.py 文件生成
Parser ▶ Python.asdl	领域特定语言 ASDL 5 中的抽象语法树节点类型和属性列表集合
Python ▶ ast.c	抽象语法树的实现

6.3.2　使用 instaviz 工具展示抽象语法树

instaviz 是为本书编写的一个 Python 软件包，它会在 Web 界面上展示抽象语法树和编译的代码。

可以通过 pip 来安装 instaviz 软件包：

```
$ pip install instaviz
```

然后，通过在命令行中运行不带参数的 python 就可以打开一个 REPL，进而加载 instaviz 模块。

instaviz.show() 函数会接受一个类型参数 code object。第 7 章会介绍代码对象。对于本例，请定义一个函数，并使用该函数名作为参数值：

```
$ python
>>> import instaviz
>>> def example():
        a = 1
        b = a + 1
        return b

>>> instaviz.show(example)
```

你会在命令行上看到一个通知：Web 服务器已在 8080 端口启动。如果将此端口用于其他用途，那么可以通过调用 instaviz.show(example, port=9090) 来修改，当然也可以指定另一个端口号。

如图 6-6 所示，我们可以在 Web 浏览器上看到函数定义的详细内容。

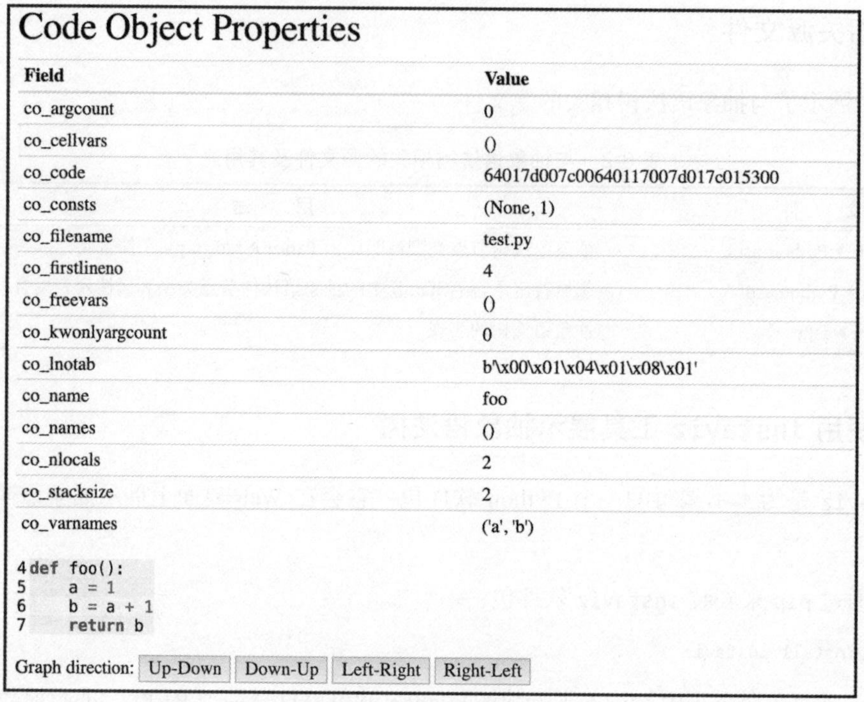

Code Object Properties

Field	Value
co_argcount	0
co_cellvars	()
co_code	64017d007c00640117007d017c015300
co_consts	(None, 1)
co_filename	test.py
co_firstlineno	4
co_freevars	()
co_kwonlyargcount	0
co_lnotab	b'\x00\x01\x04\x01\x08\x01'
co_name	foo
co_names	()
co_nlocals	2
co_stacksize	2
co_varnames	('a', 'b')

```
4 def foo():
5     a = 1
6     b = a + 1
7     return b
```

Graph direction: [Up-Down] [Down-Up] [Left-Right] [Right-Left]

图 6-6　代码对象属性

图 6-6 中左下角的 4 行代码是在 REPL 中定义的函数，instaviz.show 会用抽象语法树的形式将我们定义的函数展示出来。树上的每一个节点都是一个抽象语法树类型。抽象语法树上的每个节点信息都可以在 ast 模块中找到，并且这些节点信息都是从 _ast.AST 继承而来的。

有些节点可以将自己链接到子节点的属性，这与具象语法树不同，具象语法树只有通用子节点属性。

如果点击中间的 Assign 节点，则它会链接到 b = a + 1，如图 6-7 所示。

Assign 节点具有以下属性。

(1) targets 是要被赋值的变量名集合。为什么 targets 是一个集合呢？因为我们可以通过对表达式解包的方式来对多个变量进行赋值。

(2) value 是要被赋值的值，在这个示例中它是一个 a + 1 的 BinOp 表达式。

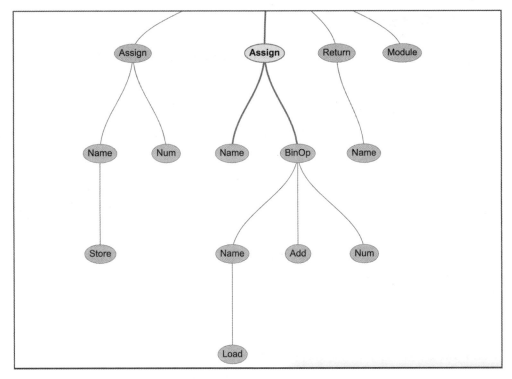

图 6-7　b = a + 1 的 Assign 节点定义

如果点击 BinOp 语句，那么 Web 页面就会展现相关属性，如图 6-8 所示。

❑ left：运算符左侧的节点。

❑ op：运算符，在这个示例中是一个用于加法的 Add 节点（+）。

❑ right：运算符右侧的节点。

Node Properties

Select a node on the AST graph to see properties.

json	object
left	object
id : 'a'	string
ctx	object
op	object
right	object
n : 1	number
lineno : 3	number

图 6-8　节点属性

6.3.3　编译抽象语法树

在 C 语言中编译抽象语法树非常复杂，因为 Python ▶ ast.c 文件模块中的代码超过了 5000 行。

CPython 的几个入口函数共同构成了抽象语法树的公共 API。抽象语法树 API 可以接受一棵节点树（具象语法树）、一个文件名、编译器标志以及一个内存存储区。

输出类型是一个能表示 Python 模块的 mod_ty，你可以在 Include ▶ Python-ast.h 文件中找到它。

mod_ty 是 Python 中用于存放以下 4 种模块类型之一的容器结构体。

❑ Module
❑ Interactive
❑ Expression
❑ Function

Python ▶ Python.asdl 文件中列举出了所有的模块类型。可以看到，模块类型、语句类型、表达式类型、运算符以及列表推导式都定义在这个文件中。

Parser ▶ Python.asdl 文件中的类型名和抽象语法树生成的类相关，并且和 ast 标准模块库中的类名相同：

```
-- ASDL's 4 builtin types are:
-- identifier, int, string, constant

module Python
{
    mod = Module(stmt* body, type_ignore *type_ignores)
        | Interactive(stmt* body)
        | Expression(expr body)
        | FunctionType(expr* argtypes, expr returns)
```

重新生成语法文件时，ast 模块会被导入到 Include ▶ Python-ast.h 文件中，该文件是由 Parser ▶ Python.asdl 文件自动创建的。Include ▶ Python-ast.h 文件中的参数和名称与 Parser ▶ Python.asdl 文件中定义的参数和名称密不可分。

mod_ty 类型是由 Parser ▶ Python.asdl 中的模块定义并自动生成到 Include ▶ Python-ast.h 文件中的：

```
enum _mod_kind {Module_kind=1, Interactive_kind=2, Expression_kind=3,
                FunctionType_kind=4};
struct _mod {
    enum _mod_kind kind;
    union {
        struct {
```

```
        asdl_seq *body;
        asdl_seq *type_ignores;
    } Module;

    struct {
        asdl_seq *body;
    } Interactive;

    struct {
        expr_ty body;
    } Expression;

    struct {
        asdl_seq *argtypes;
        expr_ty returns;
    } FunctionType;

    } v;
};
```

C 语言头文件就在 Python ▶ Python-ast.h 文件中，因此 Python ▶ ast.c 文件可以很快生成带有相关数据指针的结构体。

抽象语法树的入口函数是 PyAST_FromNodeObject()，该函数本质上是一个围绕 TYPE(n) 的 switch 语句。TYPE() 是一个宏定义，抽象语法树用此宏定义来确定节点在具象语法树中的类型。TYPE() 的返回结果或者是一个符号，或者是一个单词符号类型。

如果从根节点开始，那么它只能是 Module、Interactive、Expression 或 FunctionType 中的一种。

❑ 对于 file_input，类型只能是 Module。

❑ 对于 eval_input，比如来自 REPL，类型可能是 Expression。

对每一种语句类型而言，Python ▶ ast.c 文件中都会有一个对应的 ast_for_xxx，这些函数会查看具象语法树节点并将所在语句的属性信息补充完整。

让我们举一个简单的例子（幂表达式）来做说明，比如 2**4 或 2 的 4 次方。ast_for_power() 函数会返回一个 BinOp（二元运算操作）：运算符是 Pow（幂），左侧是 e(2)，右侧是 f(4)：

Python ▶ ast.c 中的第 2717 行

```
static expr_ty
ast_for_power(struct compiling *c, const node *n)
{
    /* power: atom trailer* ('**' factor)*
     */
    expr_ty e;
    REQ(n, power);
    e = ast_for_atom_expr(c, CHILD(n, 0));
```

```
    if (!e)
        return NULL;
    if (NCH(n) == 1)
        return e;
    if (TYPE(CHILD(n, NCH(n) - 1)) == factor) {
        expr_ty f = ast_for_expr(c, CHILD(n, NCH(n) - 1));
        if (!f)
            return NULL;
        e = BinOp(e, Pow, f, LINENO(n), n->n_col_offset,
                  n->n_end_lineno, n->n_end_col_offset, c->c_arena);
    }
    return e;
}
```

如果向 instaviz 模块发送一个简单点儿的函数，那么可以看到这个幂表达式的结果如图 6-9
所示。

```
>>> def foo():
        2**4
>>> import instaviz
>>> instaviz.show(foo)
```

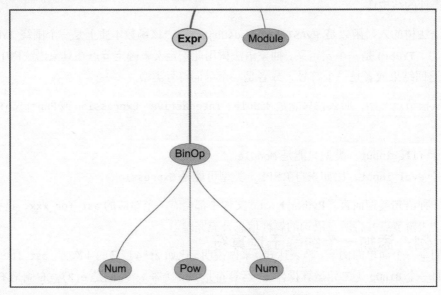

图 6-9　2**4 的抽象语法树

同样可以在 UI 中看到 2**4 对应的属性信息，如图 6-10 所示。

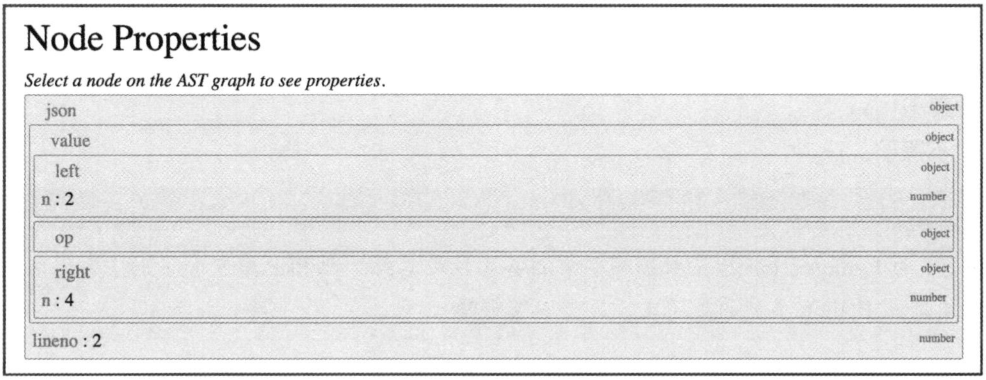

图 6-10　2**4 的节点属性

总而言之，每种语句类型和表达式都有一个对应的 `ast_for_*()` 函数。参数被定义在 Parser ▶ Python.asdl 中并通过标准库中的 `ast` 模块对外提供功能。

如果表达式或语句有子节点，那么抽象语法树就会以深度遍历优先的方式调用相应的 `ast_for_*()` 子函数。

6.4　要记住的术语

- □ **抽象语法树**：Python 语法和语句的上下文树的表示方式。
- □ **具象语法树**：单词符号和符号的上下文无关树的表示方式。
- □ **解析树**：具象语法树的另一个术语，也被简称为"语法解析树""语法树"。
- □ **单词符号**：一系列的符号类型，如 +。
- □ **单词符号化**：将文本转换为单词符号的过程。
- □ **（语法）解析**：将文本转换为具象语法树或抽象语法树的过程。

6.5　示例：添加一个约等于运算符

如果要将本章所有内容串联起来，那么可以在 Python 语言中添加一个新的语法特性并重新编译 CPython 以进行理解。

比较表达式会比较两个及以上的值：

```
>>> a = 1
>>> b = 2
>>> a == b
False
```

比较表达式中所使用的运算符被称为**比较运算符**。以下是一些我们能认出来的比较运算符。

- ❑ 小于：<
- ❑ 大于：>
- ❑ 等于：==
- ❑ 不等于：!=

PEP 207 为 Python 2.1 提出了数据模型中的富比较运算符。此 PEP 中包含了用于实现比较方法的自定义 Python 类型的上下文、历史以及解释。

现在，让我们来添加另外一个比较运算符：**约等于**（~=），其将拥有如下行为。

- ❑ 如果比较一个浮点数和一个整数，那么它会将浮点数转换为整数并比较结果。
- ❑ 如果比较两个整数，那么它会使用普通的相等运算符。

新的运算符会在 REPL 中返回如下结果：

```
>>> 1 ~= 1
True
>>> 1 ~= 1.0
True
>>> 1 ~= 1.01
True
>>> 1 ~= 1.9
False
```

为了添加新的运算符，首先需要更新 CPython 语法。在 Grammar ▶ python.gram 文件中，比较运算符被定义为一个名为 comp_op 的符号：

```
comparison[expr_ty]:
    | a=bitwise_or b=compare_op_bitwise_or_pair+ ...
    | bitwise_or
compare_op_bitwise_or_pair[CmpopExprPair*]:
    | eq_bitwise_or
    | noteq_bitwise_or
    | lte_bitwise_or
    | lt_bitwise_or
    | gte_bitwise_or
    | gt_bitwise_or
    | notin_bitwise_or
    | in_bitwise_or
    | isnot_bitwise_or
    | is_bitwise_or
eq_bitwise_or[CmpopExprPair*]: '==' a=bitwise_or ...
noteq_bitwise_or[CmpopExprPair*]:
    | (tok='!=' {_PyPegen_check_barry_as_flufl(p) ? NULL : tok}) ...
lte_bitwise_or[CmpopExprPair*]: '<=' a=bitwise_or ...
lt_bitwise_or[CmpopExprPair*]: '<' a=bitwise_or ...
gte_bitwise_or[CmpopExprPair*]: '>=' a=bitwise_or ...
```

```
gt_bitwise_or[CmpopExprPair*]: '>' a=bitwise_or ...
notin_bitwise_or[CmpopExprPair*]: 'not' 'in' a=bitwise_or ...
in_bitwise_or[CmpopExprPair*]: 'in' a=bitwise_or ...
isnot_bitwise_or[CmpopExprPair*]: 'is' 'not' a=bitwise_or ...
is_bitwise_or[CmpopExprPair*]: 'is' a=bitwise_or ...
```

修改 compare_op_bitwise_or_pair 表达式以允许运行新的 ale_bitwise_or 对：

```
compare_op_bitwise_or_pair[CmpopExprPair*]:
    | eq_bitwise_or
...
    | ale_bitwise_or
```

在现有的 is_bitwise_or 表达式下定义新的 ale_bitwise_or 表达式：

```
...
is_bitwise_or[CmpopExprPair*]: 'is' a=bitwise_or ...
ale_bitwise_or[CmpopExprPair*]: '~=' a=bitwise_or
    { _PyPegen_cmpop_expr_pair(p, AlE, a) }
```

这个新的类型定义了一个包含 '~=' 终结符号的命名表达式：ale_bitwise_or。

调用 _PyPegen_cmpop_expr_pair(p, AlE, a) 的函数是一个从抽象语法树获取 cmpop 节点的表达式，类型为 AlE：**Al**most **E**qual。

接下来，在 Grammar ▶ Tokens 中添加单词符号：

```
ATEQUAL                 '@='
RARROW                  '->'
ELLIPSIS                '...'
COLONEQUAL              ':='
# 添加这一行
ALMOSTEQUAL             '~='
```

为了更新 C 语言中的语法和单词符号，需要重新生成头文件。

在 macOS 系统或 Linux 系统上使用以下命令：

```
$ make regen-token regen-pegen
```

在 Windows 系统上运行 PCBuild 目录中的以下命令：

```
> build.bat --regen
```

这些步骤会自动更新分词器。例如，打开 Parser ▶ token.c 源文件，可以看到 PyToken_TwoChars() 函数已经被修改：

```
case '~':
    switch (c2) {
    case '=': return ALMOSTEQUAL;
    }
    break;
}
```

如果在这个阶段重新编译 CPython 并打开一个 REPL，那么可以看到分词器已经能够成功识别出这个单词符号，但是此时的抽象语法树还不知道如何处理它：

```
$ ./python
>>> 1 ~= 2
SystemError: invalid comp_op: ~=
```

这个异常是由 Python ▶ ast.c 文件中的 ast_for_comp_op() 函数引起的，原因是 REPL 还无法把 ALMOSTEQUAL 识别为一个比较语句中的有效运算符。

Compare 是定义在 Parser ▶ Python.asdl 文件中的一个表达式类型，所具有的属性有左表达式、运算符（ops）列表以及用于比较的表达式（comparators）列表：

```
| Compare(expr left, cmpop* ops, expr* comparators)
```

Compare 定义内部引用了 cmpop 枚举：

```
cmpop = Eq | NotEq | Lt | LtE | Gt | GtE | Is | IsNot | In | NotIn
```

这是一个可以充当比较运算符的抽象语法树叶子节点的列表集合。但我们定义的约等于运算符并没有在里面，因此需要补充并更新这个选项集合来包含一个名为 ALE 的新类型：

```
cmpop = Eq | NotEq | Lt | LtE | Gt | GtE | Is | IsNot | In | NotIn | AlE
```

接下来，重新生成抽象语法树来更新抽象语法树 C 语言头文件：

```
$ make regen-ast
```

这个操作会更新 Include ▶ Python-ast.h 文件中的比较运算符（_cmpop）枚举以包含 ALE 选项：

```
typedef enum _cmpop { Eq=1, NotEq=2, Lt=3, LtE=4, Gt=5, GtE=6, Is=7,
                      IsNot=8, In=9, NotIn=10, AlE=11 } cmpop_ty;
```

抽象语法树此时还没有能力将 ALMOSTEQUAL 单词符号和 ALE 比较运算符关联到一起。所以我们还要为抽象语法树更新 C 语言代码。

定位到 Python ▶ ast.c 文件中的 ast_for_comp_op() 函数，找到运算符单词符号的 switch 语句。这将会返回 _cmop 枚举中的一个值。

添加两行代码，用于捕捉 ALMOSTEQUAL 单词符号并返回 AlE 比较运算符：

Python ▶ ast.c 中的第 1222 行

```
static cmpop_ty
ast_for_comp_op(struct compiling *c, const node *n)
{
    /* comp_op: '<'|'>'|'=='|'>='|'<='|'!='|'in'|'not' 'in'|'is'
                |'is' 'not'
    */
    REQ(n, comp_op);
```

```
if (NCH(n) == 1) {
    n = CHILD(n, 0);
    switch (TYPE(n)) {
        case LESS:
            return Lt;
        case GREATER:
            return Gt;
        case ALMOSTEQUAL: // 添加此行来捕捉 ALMOSTEQUAL 这个单词符号
            return AlE;    // 添加此行来返回抽象语法树节点
```

在这个阶段，分词器和抽象语法树已经可以解析代码了，但是编译器还是不知道如何处理这个运算符。为了测试抽象语法树的表示，可以使用 ast.parse() 函数来探索表达式的第一个运算符：

```
>>> import ast
>>> m = ast.parse('1 ~= 2')
>>> m.body[0].value.ops[0]
<_ast.AlE object at 0x10a8d7ee0>
```

这是我们设计的约等于（AlE）运算符类型的一个应用实例，因此抽象语法树已经能正确地解析代码了。

在第 7 章中，我们还会继续学习 CPython 编译器的工作原理，并会继续构造约等于运算符的内部执行逻辑。

6.6　小结

CPython 的通用性和底层执行 API 使其成为嵌入式脚本引擎的理想候选者。你将看到越来越多的 UI 应用程序（比如游戏设计、3D 图形、系统自动化等）中会使用 CPython。

CPython 解释器非常灵活和高效，现在我们已经知道它是如何运行的，这为我们进一步学习编译器打下了坚实基础。

第 7 章

编 译 器

完成解析任务后，解释器就拥有了一棵包含 Python 代码的操作、函数、类以及命名空间的抽象语法树。

编译器的任务是将抽象语法树转换为 CPU 能理解的指令，如图 7-1 所示。

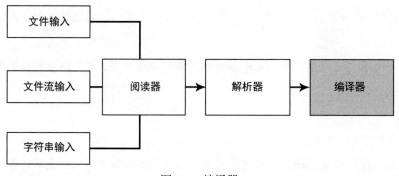

图 7-1　编译器

编译任务会被分成以下两个组件。

(1) **编译器**：遍历抽象语法树并创建一个**控制流图**（CFG），控制流图表示执行的逻辑顺序。

(2) **汇编器**：将控制流图中的节点转换为名为**字节码**的能按顺序执行的语句。

编译执行过程如图 7-2 所示。

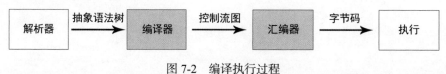

图 7-2　编译执行过程

> **重点**
>
> 在本章中，请大家牢记 CPython 的编译单元是**一个模块**。本章中所涉及的编译步骤和过程会在我们项目中的每个模块中发生。

本章将重点关注抽象语法树如何被编译成一个代码对象。

`PyAST_CompileObject()` 是 CPython 编译器的主要入口函数之一。它会将 Python 抽象语法树模块作为主要的形参,其他的形参还包括文件名,以及解释器早期创建的全局变量、局部变量和 `PyArena`。

> **注意**
>
> 从现在开始,我们将深入了解 CPython 编译器的核心,其背后是几十年的开发迭代以及整个计算机科学理论体系。千万不要被 CPython 编译器的规模和复杂度吓坏,一旦其被分解成一系列的逻辑步骤,就很容易理解了。

7.1　相关源文件

表 7-1 展示了与编译器有关的源文件。

表 7-1　与编译器有关的源文件及其用途

文　件	用　途
Python ▶ compile.c	编译器实现
Python ▶ compile.h	编译器 API 和类型定义

7.2　重要的专业术语

本章提到了许多对我们来说可能不太熟悉的术语:

- ❑ **编译器状态**会被实现为一种容器类型,其中包含一个**符号表**;
- ❑ 符号表包含许多**变量名**,并且可以包含子符号表;
- ❑ 编译器类型包含许多**编译器单元**;
- ❑ 每个编译器单元可以包含许多名称、变量名、常量以及 `cell` 变量;
- ❑ 编译器单元包含许多**基础帧块**;
- ❑ 基础帧块包含许多字节码指令。

编译器状态容器及其相关组件如图 7-3 所示。

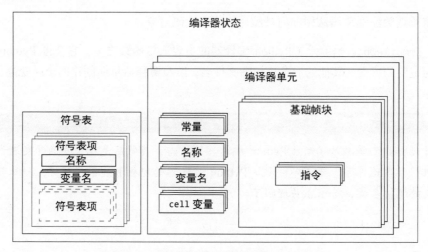

图 7-3　编译器状态容器及其相关组件

7.3　实例化一个编译器

编译器在启动前会创建一个**全局编译器状态**。编译器状态（compiler 类型）结构体包含编译器使用的属性，比如编译器标志、栈以及 PyArena。它还包含指向其他数据结构（如符号表）的链接。

表 7-2 展示了编译器状态中的字段。

表 7-2　编译器状态中的字段及其类型和用途

字　　段	类　　型	用　　途
c_arena	PyArena *	指向内存分配区的指针
c_const_cache	PyObject * (dict)	保存所有常量（包括 names 元组）的 Python 字典
c_do_not_emit_bytecode	int	关闭字节码编译的标志
c_filename	PyObject *(str)	正在被编译的文件名
c_flags	PyCompilerFlags *	继承的编译器标志（参见 7.4.3 节）
c_future	PyFutureFeatures *	指向模块的 __future__ 的指针
c_interactive	int	交互模式标志
c_nestlevel	int	当前嵌套级别
c_optimize	int	优化级别
c_st	symtable *	编译器符号表
c_stack	PyObject * (list)	保存 compiler_unit 指针的 Python 列表
u	compiler_unit *	当前块的编译器状态

PyAST_CompileObject() 函数可以实例化编译器状态。

- 如果模块没有文档字符串（`__doc__`）属性，那么就在此处创建一个空的属性，就像 `__annotations__` 属性一样。
- PyAST_CompileObject() 会将传递的值设置为编译器状态文件名，以用于栈跟踪和异常处理。
- 编译器的内存分配区会被设置成解释器也在使用的内存分配区。有关内存分配器的更多信息请参阅 9.6 节。
- 所有未来（future）标志都是在编译代码前配置的。

7.4 未来标志和编译器标志

CPython 中有两种类型的标志可以用来切换编译器内部功能：**未来标志**和**编译器标志**。我们可以在两个地方设置这些标志。

(1) 配置状态，其中包含环境变量和命令行标志。
(2) 在模块源代码内使用 `__future__` 语句。

有关配置状态的更多信息，请参阅 5.1 节。

7.4.1 未来标志

特定模块的语法或特性需要用到未来标志，比如 Python 3.7 通过 annotations 未来标志引入了类型提示的延迟求值：

```
from __future__ import annotations
```

此语句之后的代码可能会使用未解析的类型提示，因此需要引入 `__future__` 语句。否则，无须导入此模块。

7.4.2 在 Python 3.9 中引用未来标志

截至 Python 3.9，除了 annotations 和 barry_as_FLUFL，所有未来标志都是强制并且自动启用的，如表 7-3 所示。

表 7-3 未来标志及其用途

导　　入	用　　途
absolute_import	启用绝对导入（PEP 328）
annotations	推迟类型注解的求值（PEP 563）
barry_as_FLUFL	包含复活节彩蛋（PEP 401）
division	使用 true 除法运算符（PEP 238）

（续）

导　　入	用　　途
generator_stop	在生成器内部启用 StopIteration（PEP 479）
generators	引入简单生成器（PEP 255）
nested_scopes	添加静态内置作用域（PEP 227）
print_function	使 print 成为一个函数（PEP 3105）
unicode_literals	将 str 字符串改为 Unicode 而不是字节（PEP 3112）
with_statement	启用 with 语句（PEP 343）

> **注意**
>
> 大多数 __future__ 标志对于从 Python 2 迁移到 Python 3 很有帮助。随着 Python 4.0 的到来，你可能会看到更多的未来标志。

7.4.3　编译器标志

编译器标志和特定环境有关，因此它们可能会修改代码执行方式或编译器运行方式，但是不会像 __future__ 语句一样链接到源代码。

编译器标志的一个例子是 -0 标志，该标志用于优化 assert 语句的使用。这个标志会禁用可能出于调试目的而放入代码中的任何 assert 语句。另外，也可以通过设置 PYTHONOPTIMIZE=1 环境变量来启用该标志。

7.5　符号表

在编译代码之前，PySymtable_BuildObject() API 会创建一个**符号表**。

符号表的目的是提供命名空间、全局和局部的列表，供编译器用于引用和解析作用域。

7.5.1　相关源文件

表 7-4 展示了与符号表相关的源文件。

表 7-4　与符号表相关的源文件及其用途

文　　件	用　　途
Python ▶ symtable.c	符号表实现
Include ▶ symtable.h	符号表 API 定义和类型定义
Lib ▶ symtable.py	symtable 标准库模块

7.5.2　符号表数据结构

symtable 结构应该是编译器的一个 symtable 实例，因此命名空间变得至关重要。

如果你在一个类中创建了名为 resolve_names() 的方法，并在另一个类中声明了同名的方法，那么就需要确定哪个方法要在模块内被调用。

symtable 正是用于此目的，同时确保了在狭窄作用域内声明的变量不会自动成为全局变量。

表 7-5 展示了 symtable 所具有的字段。

表 7-5　symtable 所具有的字段以及其类型和用途

字　　段	类　　型	用　　途
recursion_depth	int	当前递归深度
recursion_limit	int	引发 RecursionError 错误前的递归限制
st_blocks	PyObject * (dict)	抽象语法树节点地址到符号表项的映射
st_cur	_symtable_entry	当前符号表项
st_filename	PyObject * (str)	正在编译的文件名
st_future	PyFutureFeatures	影响符号表的模块的未来特性
st_global	PyObject * (dict)	对 st_top 中的符号引用
st_nblocks	int	使用的块数
st_private	PyObject * (str)	当前类的名字（可选的）
st_stack	PyObject * (list)	命名空间信息栈
st_top	_symtable_entry	模块的符号表项

7.5.3　使用 symtable 标准库模块

有些符号表 C 语言 API 通过标准库中的 symtable 模块对外提供功能。

可以使用另一个名为 tabulate（可在 PyPI 上获取）的模块来创建脚本以打印符号表。

符号表是可以嵌套的，因此如果一个模块包含函数或类，那么该模块就具有符号表。

创建一个带有递归 show() 函数的名为 symviz.py 的脚本。

cpython-book-samples ▶ 30 ▶ symviz.py

```
import tabulate
import symtable


code = """
def calc_pow(a, b):
    return a ** b
```

```
a = 1
b = 2
c = calc_pow(a,b)
"""

_st = symtable.symtable(code, "example.py", "exec")


def show(table):
    print("Symtable {0} ({1})".format(table.get_name(),
                                      table.get_type()))
    print(
        tabulate.tabulate(
            [
                (
                    symbol.get_name(),
                    symbol.is_global(),
                    symbol.is_local(),
                    symbol.get_namespaces(),
                )
                for symbol in table.get_symbols()
            ],
            headers=["name", "global", "local", "namespaces"],
            tablefmt="grid",
        )
    )
    if table.has_children():
        [show(child) for child in table.get_children()]


show(_st)
```

在命令行中运行 symviz.py 就可以查看示例代码的符号表，如图 7-4 所示。

```
(venv) → instaviz git:(master) ✗ python symviz.py
Symtable top (module)
+----------+----------+----------+------------------------------------------------------------+
| name     | global   | local    | namespaces                                                 |
+==========+==========+==========+============================================================+
| calc_pow | False    | True     | [<Function SymbolTable for calc_pow in example.py>]        |
+----------+----------+----------+------------------------------------------------------------+
| a        | False    | True     | ()                                                         |
+----------+----------+----------+------------------------------------------------------------+
| b        | False    | True     | ()                                                         |
+----------+----------+----------+------------------------------------------------------------+
| c        | False    | True     | ()                                                         |
+----------+----------+----------+------------------------------------------------------------+
Symtable calc_pow (function)
+----------+----------+----------+------------------+
| name     | global   | local    | namespaces       |
+==========+==========+==========+==================+
| a        | False    | True     | ()               |
+----------+----------+----------+------------------+
| b        | False    | True     | ()               |
+----------+----------+----------+------------------+
```

图 7-4　示例代码的符号表

7.5.4 符号表实现

符号表的实现位于 Python ▶ symtable.c 文件中，主要的接口是 PySymtable_BuildObject()。

与第 6 章中讲过的抽象语法树编译类似，PySymtable_BuildObject() 会在 mod_ty 的可能类型（Module、Interactive、Expression 和 FunctionType）之间切换并访问其中的每个语句。

符号表会递归地探索抽象语法树（mod_ty 类型）的节点和分支，并将条目添加到 symtable 中：

Python ▶ symtable.c 中的第 261 行

```
struct symtable *
PySymtable_BuildObject(mod_ty mod, PyObject *filename,
                       PyFutureFeatures *future)
{
    struct symtable *st = symtable_new();
    asdl_seq *seq;
    int i;
    PyThreadState *tstate;
    int recursion_limit = Py_GetRecursionLimit();
...
    st->st_top = st->st_cur;
    switch (mod->kind) {
    case Module_kind:
        seq = mod->v.Module.body;
        for (i = 0; i < asdl_seq_LEN(seq); i++)
            if (!symtable_visit_stmt(st,
                    (stmt_ty)asdl_seq_GET(seq, i)))
                goto error;
        break;
    case Expression_kind:
        ...
    case Interactive_kind:
        ...
    case FunctionType_kind:
        ...
    }
    ...
}
```

对模块而言，PySymtable_BuildObject() 会循环遍历模块中的每个语句并调用 Symtable_visit_stmt()，这是一个巨大的 switch 语句，其中每个语句类型都有一个与之对应的 case 语句（在 Parser ▶ Python.asdl 文件中定义）。

每个语句类型都有相应的函数来解析符号。例如，函数定义（FunctionDef_kind）语句类型对以下操作具有特定的逻辑：

❑ 根据递归限制检查当前递归深度；
❑ 将函数的名称添加到符号表中，以便它可以作为函数对象被调用或传递；

- ❑ 解析符号表中的非字面量默认参数；
- ❑ 解析类型注解；
- ❑ 解析函数装饰器。

最后，symtable_enter_block() 会访问带有函数内容的块，然后访问并解析参数和函数体。

> **重点**
>
> 如果你曾经想知道为什么 Python 的默认参数是可变的，那么原因就在 symtable_visit_stmt() 中。参数默认值是对 symtable 中变量的引用。
>
> 将任何值复制到不可变类型中都不需要做额外的工作。

以下是在 symtable_visit_stmt() 中为函数构建 symtable 相关步骤的 C 语言代码：

Python ▶ symtable.c 中的第 1171 行

```c
static int
symtable_visit_stmt(struct symtable *st, stmt_ty s)
{
    if (++st->recursion_depth > st->recursion_limit) {
        PyErr_SetString(PyExc_RecursionError,
            "maximum recursion depth exceeded during compilation");
        VISIT_QUIT(st, 0);
    }
    switch (s->kind) {
    case FunctionDef_kind:
        if (!symtable_add_def(st, s->v.FunctionDef.name, DEF_LOCAL))
            VISIT_QUIT(st, 0);
        if (s->v.FunctionDef.args->defaults)
            VISIT_SEQ(st, expr, s->v.FunctionDef.args->defaults);
        if (s->v.FunctionDef.args->kw_defaults)
            VISIT_SEQ_WITH_NULL(st, expr,
             s->v.FunctionDef.args->kw_defaults);
        if (!symtable_visit_annotations(st, s, s->v.FunctionDef.args,
                                     s->v.FunctionDef.returns))
            VISIT_QUIT(st, 0);
        if (s->v.FunctionDef.decorator_list)
            VISIT_SEQ(st, expr, s->v.FunctionDef.decorator_list);
        if (!symtable_enter_block(st, s->v.FunctionDef.name,
                                FunctionBlock, (void *)s, s->lineno,
                                s->col_offset))
            VISIT_QUIT(st, 0);
        VISIT(st, arguments, s->v.FunctionDef.args);
        VISIT_SEQ(st, stmt, s->v.FunctionDef.body);
        if (!symtable_exit_block(st, s))
            VISIT_QUIT(st, 0);
        break;
    case ClassDef_kind: {
        ...
```

```
    }
case Return_kind:
    ...
case Delete_kind:
    ...
case Assign_kind:
...
case AnnAssign_kind:
    ...
```

一旦创建了结果符号表，它就会被传递到编译器中。

7.6 核心编译过程

现在的 PyAST_CompileObject() 已经具有了编译器状态、symtable 和抽象语法树形式的模块，可以开始实际的编译了。

核心编译器有以下两个目的。

(1) 将状态、symtable 和抽象语法树转换成控制流图。

(2) 通过捕获逻辑或代码错误来保护执行阶段免受运行时异常的影响。

7.6.1 从 Python 访问编译器

可以通过调用内置函数 compile() 来调用 Python 中的编译器。它会返回一个 code object：

```
>>> co = compile("b+1", "test.py", mode="eval")
>>> co
<code object <module> at 0x10f222780, file "test.py", line 1>
```

与 symtable() API 一样，简单表达式应具有 "eval" 的模式，模块、函数或类应具有 "exec" 的模式。

编译后的代码可以在代码对象的 co_code 属性中找到：

```
>>> co.co_code
b'e\x00d\x00\x17\x00S\x00'
```

标准库中还包含一个 dis 模块，该模块可以反汇编字节码指令。你可以在屏幕上打印这些指令或获取指令（instruction）实例列表。

> **注意**
>
> dis 模块中的 instruction 类型映射了 C 语言 API 中的 instr 类型。

如果导入 dis 模块并将代码对象的 co_code 属性传入 dis() 函数中，则函数会将其反汇编并在 REPL 中打印指令：

```
>>> import dis
>>> dis.dis(co.co_code)
          0 LOAD_NAME                0 (0)
          2 LOAD_CONST               0 (0)
          4 BINARY_ADD
          6 RETURN_VALUE
```

LOAD_NAME、LOAD_CONST、BINARY_ADD 和 RETURN_VALUE 都是字节码指令。为什么它们被称为字节码呢？因为在二进制形式中，它们都是 1 字节长。然而，自从 Python 3.6 版本发布以来，存储格式已经更改为 word，所以现在从技术上讲，它们是"字码"，而不是字节码。

每个版本的 Python 都可以使用所有字节码指令，但在不同版本中该指令会发生变化。例如，Python 3.7 中就引入了一些新的字节码指令，以加快特定方法调用的执行速度。

前面几章中，我们已经探索了 instaviz 包，包括通过运行编译器来可视化代码对象类型。instaviz 还展示了代码对象内部的字节码操作。

再次执行 instaviz 以查看在 REPL 中定义的函数的代码对象和字节码。

```
>>> import instaviz
>>> def example():
        a = 1
        b = a + 1
        return b
>>> instaviz.show(example)
```

7.6.2 编译器 C 语言 API

抽象语法树模块编译的入口函数是 compiler_mod()，该函数可以根据模块类型切换到不同的编译器函数中。假设 mod 是 Module，则模块将作为编译器单元被编译到 c_stack 属性中。然后运行 assemble() 可以从编译器单元栈中创建 PyCodeObject。

新返回的代码对象或者由解释器发送出去执行，或者以 .pyc 文件的形式存储在磁盘上：

Python ▶ compile.c 中的 1820 行

```
static PyCodeObject *
compiler_mod(struct compiler *c, mod_ty mod)
{
    PyCodeObject *co;
    int addNone = 1;
    static PyObject *module;
    ...
    switch (mod->kind) {
    case Module_kind:
        if (!compiler_body(c, mod->v.Module.body)) {
```

```
            compiler_exit_scope(c);
            return 0;
        }
        break;
    case Interactive_kind:
        ...
    case Expression_kind:
        ...
    ...
    co = assemble(c, addNone);
    compiler_exit_scope(c);
    return co;
}
```

compiler_body() 会循环遍历模块中的每个语句并访问它们：

Python ▶ compile.c 中的第 1782 行

```
static int
compiler_body(struct compiler *c, asdl_seq *stmts)
{
    int i = 0;
    stmt_ty st;
    PyObject *docstring;
    ...
    for (; i < asdl_seq_LEN(stmts); i++)
        VISIT(c, stmt, (stmt_ty)asdl_seq_GET(stmts, i));
    return 1;
}
```

语句类型是通过调用 asdl_seq_GET() 确定的，该函数会查看抽象语法树节点类型。

VISIT 通过宏为每种语句类型调用 Python ▶ compile.c 中的一个函数：

```
#define VISIT(C, TYPE, V) {\
    if (!compiler_visit_ ## TYPE((C), (V))) \
        return 0; \
}
```

对于 stmt （泛型类型语句），编译器将调用 compiler_visit_stmt() 并切换至能在 Parser ▶ Python.asdl 中找到的所有潜在语句类型：

Python ▶ compile.c 中的第 3375 行

```
static int
compiler_visit_stmt(struct compiler *c, stmt_ty s)
{
    Py_ssize_t i, n;

    /* Always assign a lineno to the next instruction for a stmt. */
    SET_LOC(c, s);
    switch (s->kind) {
    case FunctionDef_kind:
```

```
        return compiler_function(c, s, 0);
    case ClassDef_kind:
        return compiler_class(c, s);
    ...
    case For_kind:
        return compiler_for(c, s);
    ...
    }

    return 1;
}
```

例如，下面是 Python 中的 for 语句。

```
for i in iterable:
    # 代码块
else: # 如果 iterable 是 False，则是可选的
    # 代码块
```

如图 7-5 所示，可以用铁路图可视化 for 语句。

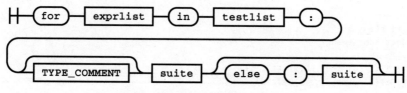

图 7-5   用铁路图可视化 for 语句

如果语句是 for 类型，那么 compiler_visit_stmt() 就会调用 compile_for()。所有语句和表达式类型都有一个等效的 compiler_*() 函数。更直接的类型会创建内联字节码指令，而一些更复杂的语句类型会调用其他函数。

7.6.3   指令

许多语句可以包含子语句。for 循环有一个执行体，但在赋值和迭代器中也可以有复杂的表达式。

编译器会将块（block）传递给编译器状态。这些块包含指令序列。指令数据结构拥有操作码、参数、目标块（如果这是跳转指令，那么你将在下面了解到）和语句的行号。

1. 指令类型

表 7-6 展示了指令类型 instr 所具有的字段。

表 7-6　指令类型 instr 所具有的字段及其类型和用途

字　　段	类　　型	用　　途
i_jabs	unsigned	指定此跳转为绝对跳转指令的标志
i_jrel	unsigned	指定此跳转为相对跳转指令的标志
i_lineno	int	创建此指令的行号
i_opcode	unsigned char	此指令表示的操作码编号（参见 Include ▶ Opcode.h）
i_oparg	int	操作码参数
i_target	basicblock*	i_jrel 为 true 时指向目标 basicblock 的指针

2. 跳转指令

跳转指令用于从一条指令跳转到另一条指令。它们既可以是绝对的跳转，也可以是相对的跳转。

绝对跳转指令会指定编译代码对象中的确切指令编号，而**相对跳转指令**会指定相对于另一条指令的跳转目标。

7.6.4　基础帧块

表 7-7 展示了基础帧块（类型为 basicblock）包含的字段。

表 7-7　基础帧块包含的字段及其类型和用途

字　　段	类　　型	用　　途
b_ialloc	int	指令数组的长度（b_instr）
b_instr	instr *	指向指令数组的指针
b_iused	int	使用的指令数（b_instr）
b_list	basicblock *	此编译单元中的块列表（倒序）
b_next	basicblock*	指向正常控制流到达的下一个块的指针
b_offset	int	块的指令偏移量，由 assemble_jump_offsets() 计算得到
b_return	unsigned	如果插入了 RETURN_VALUE 操作码，则为 true
b_seen	unsigned	用于执行基础块的深度优先搜索（DFS，参见 7.7 节）
h_startdepth	int	进入块时的栈深度，由 stackdepth() 计算得到

7.6.5　操作和参数

不同类型的操作需要不同的参数。例如，ADDOP_JREL 和 ADDOP_JABS 指的是"**add op**eration with **j**ump to a **rel**ative position"和"**add op**eration with **j**ump to an **abs**olute position"。

还有其他宏：ADDOP_I 会调用 compiler_addop_i()，这会添加一个带有整数参数的操作。ADDOP_O 会调用 compiler_addop_o()，这会添加一个带有 PyObject 参数的操作。

7.7　汇编

一旦完成上述编译阶段，编译器就会拥有帧块列表，每个帧块都包含指令列表和指向下一个块的指针。汇编器（assembler）会对基础帧块执行深度优先搜索，并将指令合并为单字节码序列。

7.7.1　汇编器数据结构

汇编器状态结构在 Python ▶ compile.c 文件中声明，表 7-8 展示了其所拥有的字段。

表 7-8　汇编器状态结构所拥有的字段及其类型和用途

字　　段	类　　型	用　　途
a_bytecode	PyObject *（str）	包含字节码的字符串
a_lineno	int	发出指令后的最后一个 lineno
a_lineno_off	int	最后一个 lineno 的字节码偏移量
a_lnotab	PyObject *（str）	包含 inotab 的字符串
a_lnotab_off	int	偏移到 inotab 中
a_nblocks	int	可达块数
a_offset	int	偏移到字节码中
a_postorder	basicblock **	深度优先搜索后序遍历中的块列表

7.7.2　汇编器深度优先搜索算法

汇编器使用深度优先搜索遍历基础帧块图中的节点。深度优先搜索算法并不是 CPython 特有的，它通常用于图遍历。

具象语法树和抽象语法树都是树结构，编译器状态则是图结构，其中的节点是包含指令的基础帧块。

基础帧块由两张图链接在一起。第一张图是基于每个块的 b_list 属性按相反顺序创建的。按字母顺序从 A 到 O 命名的基础帧块如图 7-6 所示。

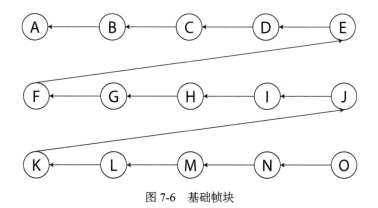

图 7-6 基础帧块

从 b_list 创建的图用于顺序访问编译器单元中的每个块。

第二张图会使用每个块中的 b_next 属性。这个属性列表代表控制流。此图中的顶点是通过调用 compiler_use_next_block(c, next) 创建出来的，其中 next 是从当前块绘制顶点的下一个块（c->u->u_curblock）。

for 循环节点图如图 7-7 所示。

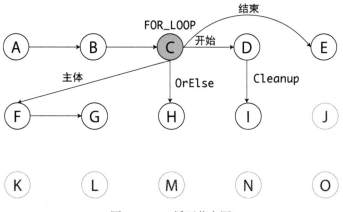

图 7-7 for 循环节点图

汇编过程会用到顺序图和控制流图，但执行深度优先搜索只会用到控制流图。

7.7.3 汇编器 C 语言 API

汇编器 API 有一个入口函数 assemble()，该函数具有以下职责：

- 计算内存分配的块数；
- 确保每个从末端掉落的块都返回 None；

- □ 解析所有被标记为 "相对" 的跳转语句偏移；
- □ 调用 dfs() 对块执行深度优先搜索；
- □ 向编译器发送所有指令；
- □ 把编译器状态作为入参来调用 makecode()，以生成 PyCodeObject。

Python ▶ compile.c 中的第 6010 行

```c
static PyCodeObject *
assemble(struct compiler *c, int addNone)
{
    ...
    if (!c->u->u_curblock->b_return)
        { NEXT_BLOCK(c);
        if (addNone)
            ADDOP_LOAD_CONST(c, Py_None);
        ADDOP(c, RETURN_VALUE);
    }
    ...
    dfs(c, entryblock, &a, nblocks);

    /* Can't modify the bytecode after computing jump offsets. */
    assemble_jump_offsets(&a, c);

    /* Emit code in reverse postorder from dfs. */
    for (i = a.a_nblocks - 1; i >= 0; i--) {
        b = a.a_postorder[i];
        for (j = 0; j < b->b_iused; j++)
            if (!assemble_emit(&a, &b->b_instr[j]))
                goto error;
    }
    ...

    co = makecode(c, &a);
error:
    assemble_free(&a);
    return co;
}
```

7.7.4   深度优先搜索

Python ▶ compile.c 文件中的 dfs() 函数会执行深度优先搜索，该函数会跟随每个块中的 b_next 指针，通过 b_seen 把块标记为已读，然后以相反的顺序将它们添加到汇编器的 a_postorder 列表中。

该函数会在汇编器的后序列表和每一个块上循环，如果这个块上有跳转操作，那么该函数会为此跳转递归调用 dfs()：

Python ▶ compile.c 中的第 5441 行

```c
static void
dfs(struct compiler *c, basicblock *b, struct assembler *a, int end)
{
    int i, j;

    /* Get rid of recursion for normal control flow.
       Since the number of blocks is limited, unused space in a_postorder
       (from a_nblocks to end) can be used as a stack for still not ordered
       blocks. */
    for (j = end; b && !b->b_seen; b = b->b_next) {
        b->b_seen = 1;
        assert(a->a_nblocks < j);
        a->a_postorder[--j] = b;
    }
    while (j < end) {
        b = a->a_postorder[j++];
        for (i = 0; i < b->b_iused; i++) {
            struct instr *instr = &b->b_instr[i];
            if (instr->i_jrel || instr->i_jabs)
                dfs(c, instr->i_target, a, j);
        }
        assert(a->a_nblocks < j);
        a->a_postorder[a->a_nblocks++] = b;
    }
}
```

一旦汇编器使用深度优先搜索将图汇编到控制流图中，就可以创建代码对象了。

7.8 创建一个代码对象

makecode() 的任务是检查编译器状态和汇编器的一些属性，并通过调用 PyCode_New() 将这些属性放入 PyCodeObject 中。

变量名和常量会作为属性被放入代码对象中：

Python ▶ compile.c 中的第 5893 行

```c
static PyCodeObject *
makecode(struct compiler *c, struct assembler *a)
{
...

    consts = consts_dict_keys_inorder(c->u->u_consts);
    names = dict_keys_inorder(c->u->u_names, 0);
    varnames = dict_keys_inorder(c->u->u_varnames, 0);
...
    cellvars = dict_keys_inorder(c->u->u_cellvars, 0);
...
```

```
    freevars = dict_keys_inorder(c->u->u_freevars,
                                 PyTuple_GET_SIZE(cellvars));
...
    flags = compute_code_flags(c);
    if (flags < 0)
        goto error;

    bytecode = PyCode_Optimize(a->a_bytecode, consts,
                               names, a->a_lnotab);
...
    co = PyCode_NewWithPosOnlyArgs(
        posonlyargcount+posorkeywordargcount,
        posonlyargcount, kwonlyargcount, nlocals_int,
        maxdepth, flags, bytecode, consts, names,
        varnames, freevars, cellvars, c->c_filename,
        c->u->u_name, c->u->u_firstlineno, a->a_lnotab);
...
    return co;
}
```

你可能也注意到了，字节码在发送到 `PyCode_NewWithPosOnlyArgs()` 之前会先发送到 `PyCode_Optimize()` 中。其实这个函数是 Python ▶ peephole.c 文件中字节码优化过程的一部分。

窍孔（peephole）优化器会检查字节码指令，并在某些情况下用其他指令替换它们，例如，有一个优化器就可以删除 return 语句之后所有无法访问的指令。

7.9   使用 `instaviz` 展示代码对象

可以使用 `instaviz` 模块将所有的编译器处理阶段合并在一起：

```python
import instaviz

def foo():
    a = 2**4
    b = 1 + 5
    c = [1, 4, 6]
    for i in c:
        print(i)
    else:
        print(a)
    return c
```

执行这几行代码会生成一个非常复杂的抽象语法树图形树。图 7-8 展示了按序排列的字节码指令。

Disassembled Code

OpCode	Operation Name	Numeric Arg	Resolved Arg Value	Argument description
100	LOAD_CONST	1	16	16
125	STORE_FAST	0	a	a
100	LOAD_CONST	2	6	6
125	STORE_FAST	1	b	b
100	LOAD_CONST	3	1	1
100	LOAD_CONST	4	4	4
100	LOAD_CONST	2	6	6
103	BUILD_LIST	3	3	

图 7-8　字节码指令

图 7-9 展示了包含变量名、常量和二进制 co_code 的代码对象。

Code Object Properties

Field	Value
co_argcount	0
co_cellvars	()
co_code	64017d0064027d0164036404640267037d02781c7c0244005d0c7d
co_consts	(None, 16, 6, 1, 4)
co_filename	test.py
co_firstlineno	4
co_freevars	()
co_kwonlyargcount	0
co_lnotab	b'\x00\x01\x04\x01\x04\x01\n\x01\n\x01\x0c\x02\x08\x01'

图 7-9　代码对象属性

接下来，可以尝试使用更复杂的代码来了解更多关于 CPython 的编译器和代码对象的信息。

7.10　示例：实现约等于运算符

学习了编译器、字节代码指令和汇编器之后，现在可以继续修改 CPython 以支持我们在第 6 章中编译到语法中的约等于运算符特性。

首先，必须为 Py_AlE 运算符添加一个内部 #define，以便 PyObject 的富比较函数可以引用它。

打开 Include ▶ object.h 文件并找到以下 #define 语句：

```
/* 富比较运算符操作指令 */
#define Py_LT 0
#define Py_LE 1
#define Py_EQ 2
#define Py_NE 3
#define Py_GT 4
#define Py_GE 5
```

添加一个附加值 PyAlE，值为 6：

```
/* 新的约等于运算符 */
#define Py_AlE 6
```

此表达式的下面是一个宏：Py_RETURN_RICHCOMPARE。使用 Py_AlE 的 case 语句更新此宏。

```
/*
 * 用于实现富比较运算符的宏定义
 *
 * 这里是个宏定义，因为所有的 C 语言比较类型都会用到它
 */
#define Py_RETURN_RICHCOMPARE(val1, val2, op)                      \
    do {                                                           \
        switch (op) {                                              \
        case Py_EQ: if ((val1) == (val2)) Py_RETURN_TRUE; Py_RETURN_FALSE; \
        case Py_NE: if ((val1) != (val2)) Py_RETURN_TRUE; Py_RETURN_FALSE; \
        case Py_LT: if ((val1) < (val2)) Py_RETURN_TRUE; Py_RETURN_FALSE;  \
        case Py_GT: if ((val1) > (val2)) Py_RETURN_TRUE; Py_RETURN_FALSE;  \
        case Py_LE: if ((val1) <= (val2)) Py_RETURN_TRUE; Py_RETURN_FALSE; \
        case Py_GE: if ((val1) >= (val2)) Py_RETURN_TRUE; Py_RETURN_FALSE; \
/* + */ case Py_AlE: if ((val1) == (val2)) Py_RETURN_TRUE; Py_RETURN_FALSE;\
        default:                                                   \
            Py_UNREACHABLE();                                      \
        }                                                          \
    } while (0)
```

在 Object ▶ object.c 中，有一个保护程序用于检查运算符是否在 0 和 5 之间。因为添加了值 6，所以必须更新此断言：

Objects ▶ object.c 中的第 709 行

```
PyObject *
PyObject_RichCompare(PyObject *v, PyObject *w, int op)
{
    PyThreadState *tstate = _PyThreadState_GET();

    assert(Py_LT <= op && op <= Py_GE);
```

将最后一行替换为下面这行代码：

```
assert(Py_LT <= op && op <= Py_AlE);
```

接下来需要更新 COMPARE_OP 操作码以支持 Py_AlE 作为运算符类型值。

编辑 Object ▶ object.c 文件，将 Py_AlE 添加到 _Py_SwapedOp 列表中。此列表用于匹配自定义类是否有一个运算符魔法方法，而不是其他方法。

如果定义了一个类，即 Coordinate，那么就可以通过实现 __eq__ 魔术方法来定义等式运算符：

```
class Coordinate:
    def _init_(self, x, y):
        self.x = x
        self.y = y

    def _eq_(self, other):
        if isinstance(other, Coordinate):
            return (self.x == other.x and self.y == other.y)
        return super(self, other)._eq_(other)
```

即使还没有为 Coordinate 实现 __ne__（不等于），CPython 也会假设可以使用 __eq__ 的相反内容：

```
>>> Coordinate(1, 100) != Coordinate(2, 400)
True
```

在 Object ▶ object.c 中找到 _Py_SwapedOp 列表并将 Py_AlE 添加到末尾，然后在 opstrings 列表的末尾添加"~="：

```
int _Py_SwappedOp[] = {Py_GT, Py_GE, Py_EQ, Py_NE, Py_LT, Py_LE, Py_AlE};

static const char * const opstrings[]
= {"<", "<=", "==", "!=", ">", ">=", "~="};
```

另外，还需要打开 Lib ▶ opcode.py 并编辑富比较运算符列表：

```
cmp_op = ('<', '<=', '==', '!=', '>', '>=')
```

在元组末尾添加新运算符：

```
cmp_op = ('<', '<=', '==', '!=', '>', '>=', '~=')
```

如果没有在类上实现富比较运算符，那么抛出的错误消息就会使用 opstrings 列表。

接下来，更新 Python ▶ compile.c 文件中的 compiler_addcompare()，用于处理 BinOp 节点中有 PyCmp_AlE 属性的情况：

Python ▶ compile.c 中的第 2479 行

```
static int compiler_addcompare(struct compiler *c, cmpop_ty op)
{
    int cmp;
    switch (op) {
    case Eq:
```

```
        cmp = Py_EQ;
        break;
    case NotEq:
        cmp = Py_NE;
        break;
    case Lt:
        cmp = Py_LT;
        break;
    case LtE:
        cmp = Py_LE;
        break;
    case Gt:
        cmp = Py_GT;
        break;
    case GtE:
        cmp = Py_GE;
        break;
```

在这个 switch 语句中添加另一个 case 语句，以将抽象语法树的 comp_op 枚举中的 AlE 与 PyCmp_AlE 比较操作码枚举进行配对。

```
...
    case AlE:
        cmp = Py_AlE;
        break;
```

现在可以基于约等于运算符的行为进行编程以适配以下场景：

❑ 1~=2 为 False；

❑ 使用向下取整时 1~=1.01 为 True。

可以通过一些额外的代码来实现这一点。现在把两个浮点数转换为整数并进行比较。

CPython 的 API 有许多用于处理 PyLong(int) 类型和 PyFloat(float) 类型的函数。第 11 章会对此进行介绍。

在 Objects ▶ floatobject.c 中找到 float_richcompare()，然后在 Compare: goto 定义下添加一个新的 case 语句：

Objects ▶ floatobject.c 中的第 358 行

```
static PyObject*
float_richcompare(PyObject *v, PyObject *w, int op)
{
 ...
    case Py_GT:
        r = i > j;
        break;
    /* 新插入的代码 */
    case Py_AlE: {
        double diff = fabs(i - j);
```

```
        double rel_tol = 1e-9; // 相对误差
        double abs_tol = 0.1; // 绝对误差
        r = (((diff <= fabs(rel_tol * j)) ||
              (diff <= fabs(rel_tol * i))) ||
              (diff <= abs_tol));
    }
    break;
}
/* 插入结束 */
return PyBool_FromLong(r);
```

当使用约等于运算符时，上述代码会处理浮点数的比较。它会使用类似于 PEP 485 中定义的 `math.isclose()` 的逻辑，但硬编码的绝对误差为 `0.1`。

另一个需要更改的保护程序位于求值循环中（Python ▶ ceval.c）。第 8 章会介绍求值循环。

搜索以下代码段：

```
...
        case TARGET(COMPARE_OP): {
            assert(oparg <= Py_GE);
```

将这个断言替换为以下内容：

```
assert(oparg <= Py_AlE);
```

重新编译 CPython 后，就可以打开一个 REPL 进行测试了：

```
$ ./python
>>> 1.0 ~= 1.01
True
>>> 1.02 ~= 1.01
True
>>> 1.02 ~= 2.01
False
>>> 1 ~= 1.01
True
>>> 1 ~= 1
True
>>> 1 ~= 2
False
>>> 1 ~= 1.9
False
>>> 1 ~= 2.0
False
>>> 1.1 ~= 1.101
True
```

在接下来的几章中，我们会把这个实现扩展到其他类型中。

7.11 小结

本章探索了如何将已解析的 Python 模块从符号表转换为编译状态，然后再转换为一系列的字节码操作，如图 7-10 所示。

图 7-10 CPython 编译顺序

现在，CPython 解释器的核心求值循环的工作就是执行这些模块。在第 8 章中，我们将探索代码对象是如何执行的。

第 8 章
求值循环

到目前为止，你已经了解了如何将 Python 代码解析成抽象语法树并将其编译成代码对象。这些代码对象包含了以字节码形式表示的一系列离散操作序列。

但要想赋予这些代码对象生命，让代码运行起来，还缺少一样关键的东西，那就是代码对象的输入。在 Python 中，输入会以局部变量或全局变量的形式出现。

在本章中，你将接触到一个名为**值栈**（value stack）的概念。前面提到过，你所编译出的代码对象包含了一系列的字节码操作序列，而值栈就是这些字节码用于创建、修改及使用变量的地方。

CPython 中执行代码的动作发生在一个名为**求值循环**（evaluation loop）的主循环中。如图 8-1 所示，CPython 解释器将在这个循环中解析并执行从序列化的 .pyc 文件或编译器中提取的代码对象。

图 8-1　求值循环

在求值循环中，CPython 会基于"栈帧"系统获取并执行每一条字节码指令。

> **注意**
>
> 除了 Python，还有许多运行时会使用**栈帧**这种数据类型。栈帧包含参数、局部变量和其他的一些状态信息，它允许一个函数被调用并获取其他函数的返回值。
>
> 每次调用函数时都会创建一个栈帧，这些栈帧会按调用顺序堆叠在一起。如果抛出了未处理的异常，你就可以看到 CPython 的帧栈（frame stack）信息。
>
> ```
> Traceback (most recent call last):
>   File "example_stack.py", line 8, in <module> <--- Frame function1()
>   File "example_stack.py", line 5, in function1 <--- Frame function2()
>   File "example_stack.py", line 2, in function2 <--- Frame raise RuntimeError
> RuntimeError
> ```

8.1   相关源文件

表 8-1 中列出了与求值循环相关的源文件。

表 8-1   与求值循环相关的源文件及其用途

文　件	用　途
Python ▶ ceval.c	实现求值循环的核心代码
Python ▶ ceval-gil.h	全局解释器锁（GIL）的定义和控制算法

8.2   重要术语

以下是本章中将要使用的几个重要术语：

- 求值循环将获取一个**代码对象**并将其转换为一系列的**帧对象**（frame object）；
- 解释器至少需要一个**线程**；
- 每个线程都有自己的**线程状态**；
- 帧对象在名为**帧栈**的栈中执行；
- 变量会在**值栈**中被引用。

8.3   构建线程状态

在执行帧之前，需要先将其关联到一个线程上。CPython 可以在单个解释器中同时运行多个线程，而**解释器状态**（interpreter state）保存了由这些线程状态组成的链表。

CPython 至少包含一个线程，每个线程都有自己的状态。

> 参阅
>
> 关于线程的更多知识将在第 10 章中详细阐述。

8.3.1   线程状态类型

线程状态类型（`PyThreadState`）包含 30 多个属性，如下所示：

- 线程的唯一标识符；
- 指向其他线程状态的链表；
- 该线程状态由哪一个解释器状态生成；
- 当前正在执行的帧；

- □ 当前递归的深度；
- □ 可选的追踪函数；
- □ 当前正在处理的异常；
- □ 当前正在处理的异步异常；
- □ 引发多个异常时抛出的异常栈（比如在 except 块中触发的异常）；
- □ GIL 计数器；
- □ 异步生成器计数器。

8.3.2 相关源文件

表 8-2 中列出了与线程状态相关的源文件，它们分布在多个文件中。

表 8-2 与线程状态相关的源文件及其用途

文　　件	用　　途
Python ▶ thread.c	线程 API 的实现
Include ▶ threadstate.h	部分线程状态的 API 及类型定义
Include ▶ pystate.h	解释器状态的 API 及类型定义
Include ▶ pythread.h	线程的 API
Include ▶ cpython ▶ pystate.h	部分线程和解释器状态的 API

8.4 构建帧对象

编译后的代码对象会被添加到帧对象中。由于帧对象是一种 Python 类型，因此它不仅可以被 C 语言引用，也可以被 Python 引用。

执行代码对象中的指令时还需要其他的运行时数据，这些数据（如局部变量、全局变量和内置模块）也包含在帧对象中。

8.4.1 帧对象类型

帧对象也是 PyObject 类型的对象，表 8-3 中列出了帧对象包含的属性。

表 8-3 帧对象的属性列表

字　　段	类　　型	用　　途
f_back	PyFrameObject *	指向栈中前一个帧的指针，如果是第一帧，则值为 NULL
f_code	PyCodeObject *	需要执行的代码对象
f_builtins	PyObject * (dict)	内置（builtin）模块的符号表

（续）

字　段	类　　型	用　途
f_globals	PyObject * (dict)	全局变量的符号表（PyDictObject）
f_locals	PyObject * (dict)	局部变量的符号表
f_valuestack	PyObject **	指向最后一个局部变量的指针
f_stacktop	PyObject **	指向 f_valuestack 中下一个空闲的插槽（slot）
f_trace	PyObject *	指向自定义追踪函数的指针（参见 8.5 节中的"追踪帧的执行过程"）
f_trace_lines	char	切换为自定义追踪函数以在行号级别进行追踪
f_trace_opcodes	char	切换为自定义追踪函数以在操作码级别进行追踪
f_gen	PyObject *	借用的生成器引用或 NULL
f_lasti	int	上一条执行的指令
f_lineno	int	当前行号
f_iblock	int	当前帧在 f_blockstack 中的索引
f_executing	char	标记帧是否仍在执行
f_blockstack	PyTryBlock[]	保存 for 块、try 块和 loop 块序列
f_localsplus	PyObject *[]	局部变量和栈的联合

8.4.2　相关源文件

表 8-4 中列出了与帧对象相关的源文件。

表 8-4　与帧对象相关的源文件及其用途

文　件	用　途
Objects ▶ frameobject.c	帧对象的实现和 Python API
Include ▶ frameobject.h	帧对象的 API 和类型定义

8.4.3　帧对象初始化 API

CPython 会使用名为 PyEval_EvalCode() 的 API 进行帧对象初始化，这个 API 也是解析代码对象的入口点。PyEval_EvalCode() 是对内部函数 _PyEval_EvalCode() 的封装。

> **注意**
>
> _PyEval_EvalCode() 是一个非常复杂的函数，它定义了帧对象和解释器循环求值的很多行为。同时，_PyEval_EvalCode() 也是一个十分重要的函数，我们可以通过它来了解 CPython 解释器的一些设计原则。

本节将逐步剖析 _PyEval_EvalCode() 的执行逻辑。

_PyEval_EvalCode() 指定了许多参数。

- ❑ tstate：类型为 PyThreadState *，指向的是负责执行这段代码的线程的线程状态。
- ❑ _co：类型为 PyCodeObject*，包含了要放入帧对象中的代码对象。
- ❑ globals：类型为 PyObject*，即实际类型是一个字典，字典的键是全局变量的名称，字典的值是变量的值。
- ❑ locals：类型为 PyObject*，即实际类型是一个字典，字典的键是局部变量的名称，字典的值是变量的值。

> **注意**
>
> 在 Python 中，局部变量和全局变量都以字典的形式存储。你可以分别通过内置函数 locals() 和 globals() 来访问这些变量。
>
> ```
> >>> a = 1
> >>> print(locals()['a'])
> 1
> ```

其他的参数都是一些可选项，并没有在基础 API 中使用。

- ❑ argcount：位置参数的数量。
- ❑ args：按顺序排列的位置参数值，类型为 PyObject*（实际类型为元组）。
- ❑ closure：类型为元组，包含了要合并到代码对象的 co_freevars 字段中的字符串。
- ❑ defcount：位置参数的默认值列表长度。
- ❑ defs：位置参数的默认值列表。
- ❑ kwargs：关键字参数值的列表。
- ❑ kwcount：关键字参数的数量。
- ❑ kwdefs：包含关键字参数默认值的字典。
- ❑ kwnames：关键字参数名的列表。
- ❑ name：求值语句的名称字符串。
- ❑ qualname：求值语句的限定名字符串。

接下来我们将探究如何创建一个新的帧对象。调用 _PyFrame_New_NoTrack() 可以创建一个新帧。也可以使用 PyFrame_New() 从 C 语言 API 来间接调用此 API。 PyFrame_New_NoTrack() 将按以下步骤创建一个新的 PyFrameObject。

(1) 将帧的 f_back 属性设置为线程状态的最后一帧。

(2) 通过设置 f_builtins 属性加载已有的内置函数，同时通过 PyModule_GetDict() 加载内置模块。

(3) 将 f_code 属性设置为当前正在执行求值的代码对象。

(4) 将 **f_valuestack** 属性设置为一个空的值栈。

(5) 将栈顶指针 **f_stacktop** 指向 **f_valuestack**。

(6) 将全局变量属性 **f_globals** 的值设置为 globals 参数的值。

(7) 将局部变量属性 **f_locals** 的值设置为一个新的字典。

(8) 将 **f_lineno** 设置为代码对象的 **co_firstlineno** 属性，以便产生异常时的回溯包含行号。

(9) 将其余属性都设置为它们的默认值。

如图 8-2 所示，在创建新的 **PyFrameObject** 实例时，我们也完成了对帧对象参数的构造。

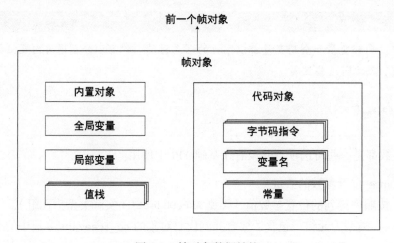

图 8-2　帧对象数据结构

1. 将关键字参数转换为字典

Python 中的函数定义可以使用 ****kwargs** 来获取关键字参数，例如：

```
def example(arg, arg2=None, **kwargs):
    print(kwargs['x'], kwargs['y'])  # 关键字参数将被解析为字典的键
example(1, x=2, y=3)  # 2 3
```

在这个例子中，未解析的参数将被复制到一个新创建的字典中。然后 kwargs 这个名字会被设置为帧中局部作用域内的变量。

2. 将位置参数转换为变量

每个位置参数（如果存在的话）都会被设置为局部作用域内的变量。在 Python 中，函数参数已经是函数体中的局部变量了。当我们给函数的位置参数赋值后，就可以在函数作用域内使用这些变量了：

```
def example(arg1, arg2):
    print(arg1, arg2)
example(1, 2)  # 1 2
```

由于 CPython 会增加这些参数局部变量的引用计数，因此在帧完成求值前（比如函数结束并返回时）都不会触发垃圾回收来移除这些变量。

3. 将位置参数打包为 *args

与 **kwargs 类似，我们可以设置一个以 * 开头的函数参数来捕获所有剩余的位置参数。这个参数是一个元组类型的变量，并且 args 这个名字会被设置为函数作用域内的局部变量。

```
def example(arg, *args):
    print(arg, args[0], args[1])

example(1, 2, 3)  # 1 2 3
```

4. 加载关键字参数

在使用给关键字参数赋值的方式调用函数时，如果传入的关键字参数既不匹配现有关键字参数的名称也不是位置参数，那么就可以使用一个字典去接收剩余的参数。

如下面的例子所示，参数 e 既不是位置参数也没有预设的参数名，所以它被添加到了字典参数 **remaining 中。

```
>>> def my_function(a, b, c=None, d=None, **remaining):
        print(a, b, c, d, remaining)

>>> my_function(a=1, b=2, c=3, d=4, e=5)
(1, 2, 3, 4, {'e': 5})
```

> **注意**
>
> **限定型位置参数**是 Python 3.8 中的新特性，PEP 570 中引入的限定型位置参数可以禁止用户在位置参数上使用关键字语法。
>
> 例如，下面这个简单的函数可以将华氏度转换为摄氏度。注意，在此函数中，分隔符 / 会作为一个特殊的参数将限定型位置参数与其他函数参数分开：
>
> ```
> def to_celsius(fahrenheit, /, options=None):
>     return (fahrenheit-32)*5/9
> ```
>
> / 左边的参数都只能以位置参数的形式调用，右边则不作限制，既可以使用位置参数也可以使用关键字参数：
>
> ```
> >>> to_celsius(110)
> ```
>
> 调用函数时，对限定型位置参数使用关键字参数语法将会抛出一个 TypeError 异常。
>
> ```
> >>> to_celsius(fahrenheit=110)
> Traceback (most recent call last):
>   File "<stdin>", line 1, in <module>
> TypeError: to_celsius() got some positional-only arguments
>   passed as keyword arguments: 'fahrenheit'
> ```

只有将所有参数都解压之后才能对关键字参数字典值进行解析。如果在第 3 个参数上使用了 /，则代码对象中 co_posonlyargcount 的值将会是 2。所以可以通过将 co_posonlyargcount 作为循环的次数来获取 PEP 570 中提到的限定型位置参数。

CPython 会对剩余的每个参数都调用 PyDict_SetItem()，以便将其添加到 locals 字典中。当函数执行时，每一个关键字参数都将成为函数作用域内的局部变量。

如果在定义关键字参数时添加了默认值，那么这个关键字参数在函数作用域内就是可用的。

```
def example(arg1, arg2, example_kwarg=None):
    print(example_kwarg)  # example_kwarg 已经成为一个局部变量
```

5. 添加缺失的位置参数

函数调用时，有一些位置参数并不在定义的位置参数列表中，这些参数会被添加到一个形如 *args 的元组中，如果这个元组不存在，那么函数就会抛出异常。

6. 添加缺失的关键字参数

函数调用时，有一些关键字参数并不在定义的关键字参数列表中，这些参数会被添加到一个形如 **kwargs 的字典中，如果这个字典不存在，那么函数就会抛出异常。

7. 折叠闭包

所有闭包的名称都会被添加到代码对象的空闲变量名列表中。

8. 创建生成器、协程和异步生成器

如果正在求值的代码对象有一个表明它是生成器、协程或异步生成器的标志，那么它就会使用生成器、协程和异步库中特定的方法去创建一个新帧，并将这个帧添加到当前的属性中。

参阅

第 10 章会进一步介绍生成器、协程以及异步帧的 API 和实现细节。

接下来函数会返回这个新生成的帧，而不是继续求解原帧的结果。只有在调用生成器、协程或异步方法时，函数才会继续对这个新帧求值。

最后，CPython 会调用 _PyEval_EvalFrame() 对这个新帧求值。

8.5　帧的执行

如第 6 章和第 7 章所述，代码对象不仅包含待执行的字节码（以二进制的方式编码），还包含变量列表和符号表。

Python 中的局部变量和全局变量的值在运行时才会确定，这些值由运行时函数、模块及代码块的调用方式决定。通过函数 `_PyEval_EvalCode()` 可以将这些变量的值添加到帧中。

除此之外，帧还有一些其他的用途，比如协程装饰器可以动态地生成以目标对象为变量的帧。

`PyEval_EvalFrameEx()` 是一个公共的 API，它可以调用解释器在 `eval_frame` 属性中配置的帧求值函数。基于 PEP 523，核心开发人员在 Python 3.7 中实现了帧求值函数的可插拔特性（提供了 C 语言 API，并允许使用第三方代码自定义帧求值函数）。

`_PyEval_EvalFrameDefault()` 是 CPython 唯一自带的默认帧求值函数。

这个函数是帧求值的关键，它可以将我们提到的所有东西都组合到一起，让代码真正运行起来。这个函数经历了数十年的持续优化，因为即便只修改一行代码也会对 CPython 的性能产生巨大影响。

在 CPython 中执行任何代码最终都要经过这个帧求值函数。

注意

在阅读 Python ▶ ceval.c 时，你可能已经注意到了，C 语言的宏被使用了很多次。

C 语言的宏是一种定义可重用代码且可以减少函数调用开销的方法。编译器会将宏直接展开成 C 语言代码并编译这些展开后的代码。

如图 8-3 所示，在 Visual Studio Code 中，可以通过安装 C/C++ 插件来查看这些内联的宏。

```
1121     if (PyDTrace_FUNCTION_ENTRY_ENABLED())
1122         dtrace_function_entry(f);
1123
1124     co = f->f_code;
1125     names = co->co_names;
1126     consts = co->co_consts;
1127     fastlocals = f->f_localsplus;
1128     freevars = f->f_localsplus + co->co_nlocals;
1129     assert(   #define _Py_IS_ALIGNED(p,a) (!((uintptr_t)(p) & (uintptr_t)((a) - 1)))
1130     assert(   Check if pointer "p" is aligned to "a"-bytes boundary.
1131     assert(
1132     assert(_Py_IS_ALIGNED(PyBytes_AS_STRING(co->co_code), sizeof(_Py_CODEUNIT)));
1133     first_instr = (_Py_CODEUNIT *) PyBytes_AS_STRING(co->co_code);
1134     /*
1135         f->f_lasti refers to the index of the last instruction,
1136         unless it's -1 in which case next_instr should be first_instr.
1137
1138         YIELD_FROM sets f_lasti to itself, in order to repeatedly yield
1139         multiple values.
1140
1141     When the PREDICT() macros are enabled, some opcode pairs follow in
```

图 8-3 通过插件查看内联宏

如果你使用的是 CLion，那么可以选中宏然后按下 "Alt + Space" 快捷键来查看宏的定义。

追踪帧的执行过程

在 Python 3.7 及更高版本中，可以通过启用当前线程的追踪功能来观测帧执行的每一步。在 PyFrameObject 类型中，有一个类型为 PyObject * 的 f_trace 属性，这个值指向的是一个 Python 函数。

下面的代码示例定义了一个名为 my_trace() 的全局追踪函数。该函数可以获取当前帧的栈数据、打印反汇编生成的操作码，并添加一些额外的调试信息：

cpython-book-samples ▶ 31 ▶ my_trace.py

```python
import sys
import dis
import traceback
import io

def my_trace(frame, event, args):
    frame.f_trace_opcodes = True
    stack = traceback.extract_stack(frame)
    pad = "   "*len(stack) + "|"
    if event == 'opcode':
        with io.StringIO() as out:
            dis.disco(frame.f_code, frame.f_lasti, file=out)
            lines = out.getvalue().split('\n')
            [print(f"{pad}{l}") for l in lines]
    elif event == 'call':
        print(f"{pad}Calling {frame.f_code}")
    elif event == 'return':
        print(f"{pad}Returning {args}")
    elif event == 'line':
        print(f"{pad}Changing line to {frame.f_lineno}")
    else:
        print(f"{pad}{frame} ({event} - {args})")
    print(f"{pad}--------------------------------")
    return my_trace
sys.settrace(my_trace)

# 运行代码示例来演示该过程
eval('"-".join([letter for letter in "hello"])')
```

函数 sys.settrace() 会将当前线程状态的默认追踪函数替换成我们自定义的函数。在这之后创建的所有帧都将把 f_trace 设置成我们传递的函数。

如图 8-4 所示，上述代码片段将分段打印每个栈中的内容并指向下一条待执行的字节码。当帧的计算结果返回时，还会打印 return 语句。

```
→ cpython git:(master) × ./python.exe my_trace.py
|Calling <code object <module> at 0x104cdc110, file "<string>", line 1>
|---------------------------
|Changing line to 1
|---------------------------
| 1 -->        0 LOAD_CONST              0 ('-')
|              2 LOAD_METHOD             0 (join)
|              4 LOAD_CONST              1 (<code object <listcomp> at 0x104cdcee0, file "<string>", line 1>)
|              6 LOAD_CONST              2 ('<listcomp>')
|              8 MAKE_FUNCTION           0
|             10 LOAD_CONST              3 ('hello')
|             12 GET_ITER
|             14 CALL_FUNCTION           1
|             16 CALL_METHOD             1
|             18 RETURN_VALUE
|
|---------------------------
| |            0 LOAD_CONST              0 ('-')
| -->          2 LOAD_METHOD             0 (join)
|              4 LOAD_CONST              1 (<code object <listcomp> at 0x104cdcee0, file "<string>", line 1>)
|              6 LOAD_CONST              2 ('<listcomp>')
|              8 MAKE_FUNCTION           0
|             10 LOAD_CONST              3 ('hello')
|             12 GET_ITER
|             14 CALL_FUNCTION           1
|             16 CALL_METHOD             1
|             18 RETURN_VALUE
```

图 8-4　追踪帧的执行过程

你可以在 dis 模块的文档中找到完整的字节码指令集。

8.6　值栈

CPython 会在核心求值循环中创建一个值栈。这个栈包含了一系列指向 PyObject 实例的指针。这些实例可以是变量、对函数（在 Python 中是对象）的引用，或其他类型的 Python 对象。

求值循环中的字节码指令就是从值栈中获取输入的。

8.6.1　字节码操作的例子：BINARY_OR

在前几章中，我们已经探究了如何将二元操作编译成一条指令。

如果你在 Python 代码中使用了关键字 or：

```
if left or right:
    pass
```

那么编译器就会把操作符 or 编译成 BINARY_OR 指令：

```
static int
binop(struct compiler *c, operator_ty op)
{
    switch (op) {
    case Add:
        return BINARY_ADD;
    ...
    case BitOr:
        return BINARY_OR;
```

在求值循环中，BINARY_OR 将从值栈中获取两个值来作为左右操作数（left 和 right），随后会以这两个对象作为参数调用函数 PyNumber_Or()：

```
...
case TARGET(BINARY_OR): {
    PyObject *right = POP();
    PyObject *left = TOP();
    PyObject *res = PyNumber_Or(left, right);
    Py_DECREF(left);
    Py_DECREF(right);
    SET_TOP(res);
    if (res == NULL)
        goto error;
    DISPATCH();
}
```

最后，将求得的结果 res 放在栈的顶部，覆盖当前栈顶的值。

8.6.2　模拟值栈

要理解求值循环，就需要先理解值栈的工作原理。

值栈就像一个木钉，你可以在上面不断地摆放圆柱体。在这种情况下，你一次只能在栈顶添加或移除一个圆柱体。

在 CPython 中，可以使用 PUSH(a) 宏将对象添加到值栈中，这里的 a 是一个指向 PyObject 的指针。

假设你创建了一个 PyLong 类型的值为 10 的对象并想把它放入值栈中：

```
PyObject *a = PyLong_FromLong(10);
PUSH(a);
```

这个操作将产生图 8-5 所示的效果。

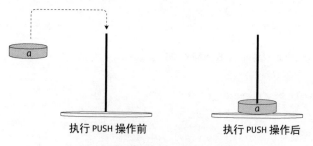

执行 PUSH 操作前　　　　执行 PUSH 操作后

图 8-5　值栈中的 PUSH 操作

为了获取这个值，可以在下一次操作中使用 POP() 宏来获取栈顶的对象。

```
PyObject *a = POP();   // 此处的 a 是一个值为 10 的 PyLongObject
```

如图 8-6 所示，这个操作将返回栈顶的值，并且操作完成后值栈中将不剩余任何值。

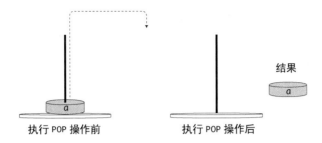

图 8-6 值栈中的 POP 操作

现在假设你向值栈中添加了两个值：

```
PyObject *a = PyLong_FromLong(10);
PyObject *b = PyLong_FromLong(20);
PUSH(a);
PUSH(b);
```

如图 8-7 所示，值栈内值的顺序与它们被添加的顺序有关，所以 a 被添加到了值栈中的第二个位置（从上到下）。

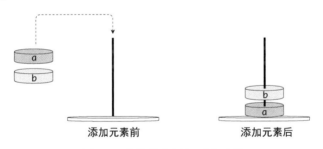

图 8-7 向值栈中添加两个元素

如图 8-8 所示，如果你想要获取栈顶的值，那么将会得到一个指向 b 的指针，因为它就在顶部。

```
PyObject *val = POP(); // 返回指向 b 的指针
```

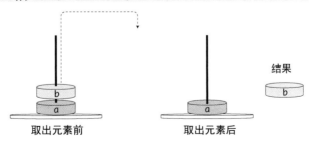

图 8-8 从值栈中取出元素

如果你想要在不弹出对象的情况下获取指向栈顶的值的指针，那么可以使用 PEEK(v) 操作，其中 v 是栈中元素的位置：

```
PyObject *first = PEEK(0);
```

0 代表栈顶的位置，1 代表栈中的第二个位置。PEEK(v) 操作的效果如图 8-9 所示。

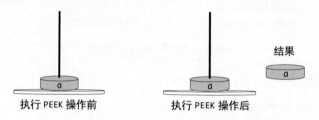

执行 PEEK 操作前   执行 PEEK 操作后

图 8-9　值栈中的 PEEK 操作

可以使用 DUP_TOP() 宏来克隆栈顶的值：

```
DUP_TOP();
```

如图 8-10 所示，这个操作将复制栈顶的值，形成指向同一对象的两个指针。

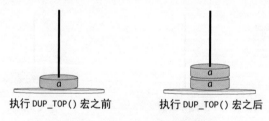

执行 DUP_TOP() 宏之前   执行 DUP_TOP() 宏之后

图 8-10　克隆值栈的顶部元素

ROT_TWO() 宏则可以交换栈中第一个值和第二个值：

```
ROT_TWO();
```

如图 8-11 所示，此操作将交换值栈中第一个值和第二个值的顺序。

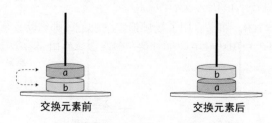

交换元素前   交换元素后

图 8-11　值栈的元素交换

8.6.3　栈效果

每一个操作码都有预定义的**栈效果**（stack effect）。栈效果指的是字节码执行后值栈中元素数目的增量，可以由 Python▶compile.c 中的函数 stack_effect() 计算得到。

这个增量可能是正值、负值或 0。在执行操作码时，如果 stack_effect() 返回的值（如 +1）与值栈中元素实际的增量不匹配，就会抛出一个异常。

8.7　示例：在列表中添加元素

在 Python 中，你可以在创建的列表对象上使用 append() 方法：

```
my_list = []
my_list.append(obj)
```

在这个例子中，obj 是你想添加到列表末尾的对象。

执行上述代码涉及两种字节码操作：

❑ 使用 LOAD_FAST 将 obj 从帧中的 locals 列表加载到值栈的顶部；
❑ 使用 LIST_APPEND 来添加这个对象。

LOAD_FAST 包括以下 5 步。

(1) 首先通过 GETLOCAL() 加载指向 obj 的指针，这里要加载的变量（obj）是字节码的参数。fastlocals 存储了由变量指针组成的列表，它是 PyFrame 中 f_localsplus 属性的副本。而 oparg 是一个数值，指向的是保存在 fastlocals 数组中变量指针的索引。这也意味着 Python 加载的仅仅是一个局部变量（变量指针的副本），在这个过程中不需要查找变量的名称。

(2) 如果这个变量已经不存在了，那么就会抛出一个局部变量未绑定错误。

(3) 将加载的变量 value（在这个例子中指 obj）的引用计数加 1。

(4) 将指向 obj 的指针压入值栈的顶部。

(5) 调用宏 FAST_DISPATCH，如果启用了栈帧追踪的功能，那么就会再次执行求值循环去追踪栈帧的信息。如果未启用栈帧追踪的功能，则会直接使用 goto 跳转到 *fast_next_opcode*。这个 goto 会跳回求值循环的顶部去执行下一条指令。

以下是 LOAD_FAST 中 5 个步骤对应的代码：

```
...
    case TARGET(LOAD_FAST): {
        PyObject *value = GETLOCAL(oparg);              // 1.
        if (value == NULL) {
```

```
            format_exc_check_arg(
                PyExc_UnboundLocalError,
                UNBOUNDLOCAL_ERROR_MSG,
                PyTuple_GetItem(co->co_varnames, oparg));
            goto error;                                 // 2.
        }
        Py_INCREF(value);                               // 3.
        PUSH(value);                                    // 4.
        FAST_DISPATCH();                                // 5.
    }
...
```

现在指向 obj 的指针位于值栈的顶部，求值循环可以执行下一条指令 LIST_APPEND 了。

许多字节码操作会引用基础数据类型，比如 PyUnicode、PyNubmer 等。在这个例子中，LIST_APPEND 要向列表的末尾添加一个对象。为了完成这项工作，需要从值栈中弹出离栈顶最近的一个对象的指针，并返回它。

这个宏可以用以下方式实现：

```
PyObject *v = (*--stack_pointer);
```

现在指向 obj 的指针存储到了变量 v 中，指向列表的指针则由 PEEK(oparg) 加载。

接下来，以 list 和 v 作为参数，调用 Python 列表的 C 语言 API 来添加元素。这个 C 语言 API 的代码在 Objects ▶ listobject.c 文件中，第 11 章会详细介绍。

调用 PREDICT 宏进行指令预测，它猜测下一条指令是 JUMP_ABSOLUTE。PREDICT 宏中包含了编译器生成的 goto 语句，以用于跳转到有可能被执行的 case 语句。

这也意味着 CPU 可以直接跳转到这条指令，不需要再走一次循环判断的流程。

```
...
    case TARGET(LIST_APPEND): {
        PyObject *v = POP();
        PyObject *list = PEEK(oparg);
        int err;
        err = PyList_Append(list, v);
        Py_DECREF(v);
        if (err != 0)
            goto error;
        PREDICT(JUMP_ABSOLUTE);
        DISPATCH();
    }
...
```

> **注意**
>
> 有些字节码往往会成对出现，这使得在执行第一个操作时预测下一个操作成为可能。例如，COMPARE_OP 后面常常紧跟着 POP_JUMP_IF_FALSE 或 POP_JUMP_IF_TRUE。
>
> 验证预测的效果需要对寄存器变量内的常量进行高速测试。如果操作码配对测试的效果很好，则说明处理器在分支内部预测的成功率很高，这会让下一个 opcode 的执行开销接近为 0。成功的指令预测可以避免再次执行求值循环的过程和那些不可预测的 switch-case 语句分支。结合处理器内部的分支预测功能，一次成功的 PREDICT 可以让两个 opcode 连续执行，就像它们组成了一个新的 opcode，并把函数体结合到了一起。
>
> 如果想统计操作码的执行信息，那么有两种方案可以选择。
>
> (1) 保持预测功能开启，如果有些操作码结合在一起执行，就把它们整体作为统计的结果。
> (2) 关闭预测功能，以便统计每一个操作码的执行次数。
>
> 线程代码会禁用操作码预测功能，因为线程代码允许 CPU 记录每一个操作码的分支预测信息。

　　有些操作（如 CALL_FUNCTION 和 CALL_METHOD）会引用编译后的函数作为参数。在这种情况下，一个新帧会被压入当前线程的帧栈中，同时在求值循环中执行该函数，直到执行完毕。每当我们创建一个新帧并把它压入帧栈时，帧中 f_back 字段的值都会在创建新帧之前被设置为当前帧。当你看到栈追踪的结果时，就可以很清晰地看到帧的嵌套关系了。

cpython-book-samples ▸ 31 ▸ example_stack.py

```python
def function2():
 raise RuntimeError

def function1():
  function2()

if __name__ == '__main__':
  function1()
```

在命令行中执行上述代码块时，你会得到如下内容：

```
$ ./python example_stack.py

Traceback (most recent call last):
  File "example_stack.py", line 8, in <module>
    function1()
  File "example_stack.py", line 5, in function1
    function2()
  File "example_stack.py", line 2, in function2
    raise RuntimeError
RuntimeError
```

可以使用 Lib ▶ traceback.py 中的 walk_stack() 函数回溯栈帧的信息：

```python
def walk_stack(f):
    """Walk a stack yielding the frame and line number for each frame.

    This will follow f.f_back from the given frame. If no frame is given, the
    current stack is used. Usually used with StackSummary.extract.
    """
    if f is None:
        f = sys._getframe().f_back.f_back
    while f is not None:
        yield f, f.f_lineno
        f = f.f_back
```

这里会将当前帧父节点的父节点（sys._getframe().f_back.f_back）作为回溯的基准，因为我们不想在栈帧的回溯中看到 walk_stack() 或 print_trace() 的信息（f_back 指针处于调用栈的顶部）。

sys._getframe() 是一个 Python API，它可以获取当前线程的 frame 属性。

帧栈可视化后的结果如图 8-12 所示，以下 3 个帧中每个帧都有自己独立的代码对象，同时线程状态指向了当前正在执行的帧。

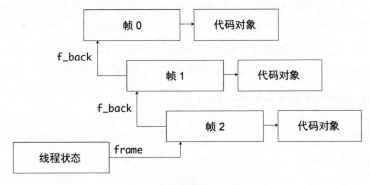

图 8-12　栈帧可视化

8.8　小结

在本章中，你已经接触到了 CPython 解释器的**核心**内容。核心求值循环是编译后的 Python 代码与底层的 C 语言扩展模块、标准库及系统调用之间的桥梁。

本章中提及的内容仍有部分没有进行深入探究，因为在接下来的几章中我们会进行详细介绍。例如，虽然 CPython 解释器有一个核心求值循环，但其实你可以用并发或并行的方式同时执行多个循环。

CPython 允许有多个求值循环同时对系统上的多个帧进行求解。在即将到来的第 10 章，你将了解如何使用帧栈系统让 CPython 运行在多核或多个 CPU 上。除此之外，你还会了解 CPython 中帧对象的 API 允许帧以异步编程的方式暂停或恢复执行。

使用值栈加载的变量还需要进行内存分配和管理。要让 CPython 高效地执行，必须要有可靠的内存管理机制。在第 9 章中，我们将探索内存管理的流程，以及它和求值循环中使用的 PyObject 指针的关系。

第 9 章

内存管理

CPU 和内存是计算机最重要的两个组成部分，它们不能离开对方独自工作，我们必须高效地利用并管理它们。

当设计一门编程语言时，设计者首先需要思考该让用户用什么方式去管理计算机的内存。是否希望有简单的接口？语言是否可以跨平台？相较于稳定性，是否更看重性能？设计者必须就这些问题做出权衡。

针对这些问题，Python 的设计者已经做出了回答，同时也预留了一些额外的配置项供用户自己配置。

在本章中，你将首先探究 C 语言的内存管理机制，因为 CPython 是基于 C 语言编写的。接下来你将了解 Python 内存管理最重要的两部分。

(1) 引用计数。
(2) 垃圾回收。

在本章的最后，你将了解 CPython 如何在操作系统上分配内存、对象内存如何分配和释放，以及 CPython 如何处理**内存泄漏**（memory leak）。

9.1　C 语言中的内存分配

在 C 语言中，在使用变量前首先需要在操作系统中为它们分配内存。C 语言中有 3 种内存分配机制。

(1) 静态内存分配（static memory allocation）：在编译阶段计算内存大小，在可执行文件开始运行时分配内存。

(2) 自动内存分配（automatic memory allocation）：当一个帧开始执行时，操作系统会在调用栈中为此作用域（如函数）分配其需要的内存，在帧执行完成后这部分内存会立刻被释放。

(3) 动态内存分配（dynamic memory allocation）：可以通过调用内存分配的 API 在运行时动态地请求和分配内存。

9.1.1　静态内存分配

C 语言中的类型所占的内存大小是固定的。对任意的全局变量和静态变量，编译器都可以计算出它们需要的内存大小并将这些信息编译到应用程序中：

```
static int number = 0;
```

可以通过 sizeof() 函数来查看 C 语言中类型所占的内存大小。以我的操作系统为例，在 64 位 macOS 系统上通过 GCC 编译器得到的 int 类型大小是 4 字节。对于不同的操作系统架构和编译器类型，C 语言中的基础类型可能有不同的大小。

对于静态定义的数组类型，这里用一个包含了 10 个整数的数组作为例子：

```
static int numbers[10] = {0,1,2,3,4,5,6,7,8,9};
```

C 语言编译器会将这段代码理解成需要为变量分配 sizeof(int) * 10 字节的内存空间。

C 语言编译器会使用系统调用去执行分配内存的动作。这些系统调用依赖于操作系统架构，它们是内核中更底层的函数，可用于从系统内存页中分配内存。

9.1.2　自动内存分配

与静态内存分配类似，自动内存分配将在编译期间计算需要分配的内存大小。

下面是一个将 100 华氏度转换为摄氏度的例子。

cpython book-samples ▶ 32 ▶ automatic.c

```c
#include <stdio.h>

static const double five_ninths = 5.0/9.0;

double celsius(double fahrenheit) {
    double c = (fahrenheit - 32) * five_ninths;
    return c;
}

int main() {
    double f = 100;
    printf("%f F is %f C\n", f, celsius(f));
    return 0;
}
```

这个例子既使用了静态内存分配也使用了自动内存分配。

❑ 由于带有 static 关键字，因此 five_ninths 这个变量使用了静态内存分配。

❑ 当函数 celsius() 被调用时，该函数中的变量 c 的内存会被自动分配，同时，这部分被分配的内存会在函数 celsius() 执行完毕后释放。

❑ 当函数 main() 被调用时，该函数中的变量 f 的内存会被自动分配，同时，这部分被分配的内存会在函数 main() 执行完毕后释放。

❑ celsius(f) 的输出结果被隐式地自动分配了内存。

❑ 所有自动分配的内存在 main() 函数执行完毕后都会被释放。

9.1.3   动态内存分配

在许多情况下，静态内存分配和自动内存分配并不能满足我们的需求。例如，在编译阶段，程序有时无法知道需要为变量分配多大内存，因为这些数据可能是用户输入的。

这种情况下就需要使用动态内存分配。动态内存分配通过调用 C 语言的内存分配 API 来工作。操作系统专门保留了一段系统内存，以用于动态分配给进程。这部分内存也被称为**堆**（heap）。

在下面的例子中，我们将把内存动态地分配给一个由华氏温度值和摄氏温度值组成的数组。此应用程序会根据用户指定的华氏度值数量分别计算对应的摄氏度值：

cpython-book-samples ▶ 32 ▶ dynamic.c

```c
#include <stdio.h>
#include <stdlib.h>

static const double five_ninths = 5.0/9.0;

double celsius(double fahrenheit) {
    double c = (fahrenheit - 32) * five_ninths;
    return c;
}

int main(int argc, char** argv) {
    if (argc != 2)
        return -1;
    int number = atoi(argv[1]);
    double* c_values = (double*)calloc(number, sizeof(double));
    double* f_values = (double*)calloc(number, sizeof(double));
    for (int i = 0 ; i < number ; i++){
        f_values[i] = (i + 10) * 10.0 ;
        c_values[i] = celsius((double)f_values[i]);
    }
    for (int i = 0 ; i < number ; i++ ){
        printf("%f F is %f C\n", f_values[i], c_values[i]);
    }
```

```
    free(c_values);
    free(f_values);

    return 0;
}
```

如果传入参数 4 来执行这段代码，那么你将得到以下结果：

```
100.000000 F is 37.777778 C
110.000000 F is 43.333334 C
120.000000 F is 48.888888 C
130.000000 F is 54.444444 C
```

这个例子就使用了堆中的内存块进行动态内存分配，然后当不再需要它们时把内存块再返回给堆。如果存在动态分配的内存没有被释放的情况，那么就会造成内存泄漏。

9.2　Python 内存管理系统设计

由于 CPython 是基于 C 语言构建的，因此它也会受到 C 语言中静态内存分配、自动内存分配和动态内存分配的约束。而 Python 语言的一些特性设计也使得这些约束更加具有挑战性。

(1) Python 是一门动态类型的语言，变量的大小不能在编译阶段得到。

(2) Python 中大多数核心类型的大小是可以动态调整的，例如，list 类型可以是任意长度、dict 类型可以有任意数量的键，甚至连 int 类型的大小也不是固定的。但用户从不需要指定这些类型的大小。

(3) Python 中的变量名可以重复用于任意类型的值。

```
>>> a_value = 1
>>> a_value = "Now I'm a string"
>>> a_value = ["Now" , "I'm" "a", "list"]
```

为了解决这些问题，CPython 十分依赖动态内存分配，同时它会借助垃圾回收算法和引用计数算法来保证分配的内存可以自动释放。

Python 对象的内存由一个统一的 API 自动分配得到，并不需要 Python 开发者自己去分配。这种设计也意味着 CPython 的标准库和核心模块（用 C 语言编写的）都要使用这个 API 去分配内存。

9.2.1　内存分配域

CPython 提供了 3 个层次的动态内存分配域。

(1) **原始内存分配域**：用于从系统堆上分配内存，且用于大块或非对象的内存分配。

(2) **对象内存分配域**：用于所有 Python 对象的内存分配。

(3) PyMem 内存分配域：与 PYMEM_DOMAIN_OBJ 功能一致，用于支持旧版本 API。

这里每一个域都会实现相同的函数接口：

❑ _Alloc(size_t size) 会分配 size 字节大小的内存，并返回指向这块内存的指针；

❑ _Calloc(size_t nelem, size_t elsize) 会分配 nelem 个长度为 elsize 的连续内存空间，并返回指向第一个内存块的指针；

❑ _Realloc(void *ptr, size_t new_size) 会为指针指向的内存重新分配大小为 new_size 的内存；

❑ _Free(void *ptr) 会将指针 ptr 指向的内存释放回堆中。

枚举变量 PyMemAllocatorDomain 会将 CPython 中的 3 个内存分配域分别表示为 PYMEM_DOMAIN_RAW、PYMEM_DOMAIN_OBJ 和 PYMEM_DOMAIN_MEM。

9.2.2 内存分配器

CPython 中使用了两种内存分配器。

(1) malloc，这是操作系统层面的内存分配器，主要用于**原始内存分配域**。

(2) pymalloc，这是 CPython 层面的内存分配器，主要用于 **PyMem 内存分配域和对象内存分配域**。

注意

在默认情况下，CPython 的内存分配器 pymalloc 会被编译到 CPython 的可执行文件中。你可以通过将 pyconfig.h 中的 WITH_PYMALLOC 设置为 0，然后再重新编译 CPython 来禁用此内存分配器。一旦禁用了它，在使用 PyMem 和对象内存域的 API 来分配内存时，就会使用操作系统的内存分配器。

如果你使用调试模式来编译 CPython（在 macOS 系统和 Linux 系统下添加 --with-pydebug 编译选项，或者在 Windows 系统下以调试模式编译），则所有的内存分配函数都会切换到调试模式下的实现。如果你启用了调试模式，那么在触发内存分配时调用的就是 _PyMem_DebugAlloc()，而不是_PyMem_Alloc()。

9.3　CPython 内存分配器

CPython 内存分配器建立在系统内存分配器之上，并拥有一套自己的内存分配算法。该算法与系统内存分配器类似，不同之处在于，为了适配 CPython 的应用场景，其做了一些定制修改。

❑ CPython 中大部分需要分配的内存是小块且大小固定的，比如 `PyObject` 占 16 字节、`PyASCIIObject` 占 42 字节、`PyCompactUnicodeObject` 占 72 字节、`PyLongObject` 占 32 字节。

❑ pymalloc 内存分配器最多只能分配 256 KB 大小的内存，更大的内存需要交给系统的内存分配器去处理。

❑ pymalloc 内存分配器使用的是 GIL 而不是系统的线程安全检查。

为了更好地解释这种情况，我们来做个类比。你可以想象有一个名为 CPython 的足球俱乐部，它的内存体育场如图 9-1 所示。为了更好地管理观众，CPython 足球俱乐部实现了一个系统，这个系统将体育场分为 A～E 区，每个区都有 1～40 排的座位。

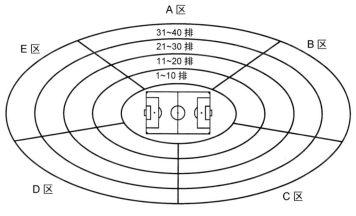

图 9-1　CPython 内存体育场

在体育场前端，1～10 排是较宽敞的高级座位，每排有 80 个座位。在体育场后端，31～40 排是经济型座位，每排有 150 个座位。

Python 内存分配算法也具有类似的特点。

❑ 就像体育场中有座位一样，pymalloc 算法中也有**内存块**（block）的概念。

❑ 就像座位被分为高级、普通型或经济型一样，内存块的大小也都是固定的。（就像你不能将自己的躺椅带进体育场一样，你也不能自定义内存块的大小。）

❑ 就像同样大小的座位会被排在同一排一样，同样大小的内存块会被放入一个**内存池**（pool）中。

与体育场分配座位类似，CPython 中的一个存储单元会记录内存块存储的位置和内存池中剩余可用的内存块数量。就像体育场中一排座位满员后会启用下一排座位一样，当一个内存池中的内存块数量达到最大时，就会使用下一个内存池。而内存池被分组存储在堆区（arena）中，就像体育场会将数排座位分配到几个片区一样。

这种内存分配策略有以下几个优点。

(1) 这种算法在 CPython 的主要应用场景（小内存且生命周期较短的对象）中有更好的性能。

(2) 这种算法使用的是 GIL 而不是系统的线程锁检测。

(3) 这种算法使用的是内存映射（mmap()）而不是堆上内存分配。

9.3.1　相关源文件

表 9-1 展示了与内存分配器相关的源文件。

表 9-1　与内存分配器相关的源文件及其用途

文　件	用　途
Include ▶ pymem.h	PyMem 分配器 API
Include ▶ cpython ▶ pymem.h	PyMem 内存分配器配置 API
Include ▶ internal ▶ pycore_mem.h	垃圾回收的数据结构及内部 API
Objects ▶ obmalloc.c	域分配器实现和 pymalloc 实现

9.3.2　重要术语

以下是本章中会涉及的一些重要术语：

❑ 申请的内存大小需要和**内存块**的大小相匹配；

❑ 相同大小的内存块要放进同一个**内存池**中；

❑ 内存池会被分组存储在**堆区**中。

9.3.3　内存块、内存池和堆区

堆区是最大的可分配内存单元。系统页的边界是固定长度的连续内存块，为了与系统页的大小对齐，CPython 中创建的堆区的大小固定为 256 KB。

即便是在现代高速内存架构中，连续内存也比碎片化的内存加载速度要快。所以 CPython 使用连续的内存块作为内存分配单元对程序性能是有益的。

1. 堆区

分配给堆区的内存来源于系统堆，对于支持匿名内存映射的系统则会使用 mmap() 函数进行分配。采用内存映射有助于减少堆区上的堆碎片。

图 9-2 是系统堆中 4 个堆区的可视化表示。

图 9-2 堆区的可视化表示

堆区对应的是 arena_object 的数据结构，如表 9-2 所示。

表 9-2 arena_object 数据结构

字 段	类 型	用 途
address	uintptr_r	堆区的内存地址
pool_address	block *	指向下一个要分配的内存池的指针
nfreepools	uint	堆区中可用内存池的数量（已被释放的内存池加上从未被分配过的内存池）
ntotalpools	uint	堆区中内存池的总数，无论其是否可用
freepools	pool_header*	可用内存池的单向链表
nextarena	arena_object*	下一个堆区（参见下面的"注意"）
prevarena	arena_object*	上一个堆区（参见下面的"注意"）

注意

堆区的内存管理机制比较特殊，管理内存的数据结构 arena_object 和其要管理的内存是分开的，它们会在某一时刻建立联系。对于未和内存建立联系的堆区，我们就称这个堆区处于**未分配**状态。

多个堆区会通过其数据结构中的双向链表指针（nextarena 和 prevarena）链接在一起，主要分为以下两种情况。

如果堆区处于**未分配**状态，那么就只需要用到 nextarena 成员。所有未与内存建立联系的堆区都会存储在全局单向链表 unused_arena_objects 中，它们之间通过 nextarena 成员链接在一起。

当 arena_object 与至少有一个可用内存池的堆区关联时，CPython 就会把它放到双向链表 usable_arenas 中，这时就需要同时用到 nextarena 和 prevarena。这个双向链表会根据 nfreepools 成员的值按升序排列，这意味着下次内存分配会优先使用被过度分配的堆区，而那些被较少使用的堆区会更容易回归系统。

2. 内存池

在堆区中，我们可以为最大为 512 字节的内存块创建内存池。如表 9-3 所示，对于 32 位系统，内存块大小的步长是 8 字节，所以总共有 64 种不同大小的内存块。

表 9-3   32 位系统中的内存块大小分类

以字节为单位的请求	分配的内存块大小	内存大小索引
1~8	8	0
9~16	16	1
17~24	24	2
25~32	32	3
⋮	⋮	⋮
497~504	504	62
505~512	512	63

如表 9-4 所示，对于 64 位系统，内存块大小的步长是 16 字节，所以总共有 32 种不同大小的内存块。

表 9-4   64 位系统中的内存块大小分类

以字节为单位的请求	分配的内存块大小	内存大小索引
1~16	16	0
17~32	32	1
33~48	48	2
49~64	64	3
⋮	⋮	⋮
480~496	496	30
496~512	512	31

每个内存池的大小固定是 4096 字节（4 KB），所以一个堆区中总是包含 64 个内存池，如图 9-3 所示。

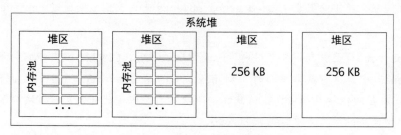

图 9-3   堆区与内存池的关系

　　CPython 会根据内存请求的大小分配内存池。当没有可用的内存池用于请求的内存大小索引时，就需要分配一个新的内存池。堆区中还有一个名为**高水位线**的概念，可用于查询当前已经分配的内存池的数量。

　　内存池拥有以下 3 种状态。

(1) **满载**：内存池中所有可用的内存块都已被分配使用。

(2) **部分使用**：内存池已被分配，其中部分内存块已被使用，但还有剩余的空间。

(3) **空闲**：内存池已被分配，但内存池中没有任何内存块被使用。

　　如图 9-4 所示，在堆区中，高水位线位于最后分配的内存池处。

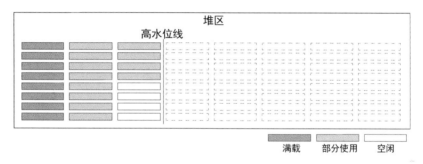

图 9-4　高水位线示意图

　　内存池中包含数据结构 poolp，这是结构体定义 pool_header 的另一种表示。表 9-5 展示了 pool_header 结构体属性。

表 9-5　pool_header 结构体属性

字　段	类　型	用　途
ref	uint	当前内存池中分配的内存块的数量
freeblock	block *	指向内存池空闲列表头的指针
nextpool	pool_header*	指向下一个此类型大小的内存池的指针
prevpool	pool_header*	指向上一个此类型大小的内存池的指针
arenaindex	uint	在堆区中的索引
szidx	uint	此内存池的内存大小索引
nextoffset	uint	到达下一个未使用的内存块的字节偏移量
maxnextoffset	uint	在内存池满载之前，nextoffset 可达到的最大数量

　　特定大小的内存池会使用双向链表在前后分别链接同一大小的内存池。当分配内存时，在堆区中通过这个双向链表就可以很方便地在相同大小的内存池之间跳转。

3. 内存池表①

在堆区中，内存池的存储单元名为 **内存池表**（pool table），它记录了被部分使用的内存池的双向循环链表头节点。

内存池表根据内存池的内存大小索引 i 进行分类。对于内存大小索引 i，usedpools[i + i] 会指向所有被部分使用的内存池的双向链表头节点，链表中的内存池都拥有相同的类型大小。

内存池表具有如下基本特性。

- 当一个内存池饱和后，它就会被 usedpools[] 解除链接。
- 如果已饱和的内存池中有一个内存块被释放了，那么内存池就将重新回到部分使用的状态。此时还会把刚刚释放内存的内存池重新链接到 usepools[] 中链表的前面，这样在下一次分配同样大小的内存时将复用刚刚释放的内存块。
- 当一个内存池变为空闲状态时，这个内存池就会从链表 usedpools[] 中被移除，然后被链接到它所在的堆区中的单向链表 freepools 的前面。

4. 内存块

在一个内存池中，内存被分配到了多个内存块中。内存块具有如下特征。

- 在一个内存池中，可以分配和释放固定内存大小索引的内存块。
- 在一个内存池中，所有可用的内存块都会被链接到 freeblock 链表上。
- 当一个内存块被释放后，它会被重新插入到 freeblock 链表的前部。
- 当一个内存池被初始化时，只有最前面的两个内存块会被链接到 freeblock 链表上。
- 如果一个内存池处于被部分使用的状态，则该内存池中至少有一个内存块可用于内存分配。

图 9-5 展示的是已被分配了部分内存的内存池，它由已使用的内存块、已被释放的内存块和未被分配过的内存块组合而成。

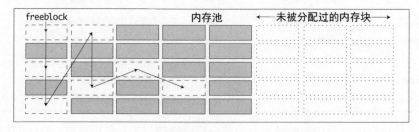

图 9-5 已被分配了部分内存的内存池

---

① 此处是 CPython 的一个复杂且巧妙的实现细节，利用了类似内存越界访问的方式优化内存占用。——译者注

9.3.4　内存块分配 API

如果使用 pymalloc 的内存域申请内存块，则会调用 pymalloc_alloc() 函数。这个函数是我们插入断点并逐步调试代码，以检验之前学过的与内存块、内存池和堆区相关的知识的好地方。

Object ▶ obmalloc.c 中的第 1590 行

```
static inline void*
pymalloc_alloc(void *ctx, size_t nbytes)
{
...
```

首先，申请内存块 nbytes 的大小既不能为 0，也不能超过 SMALL_REQUEST_THRESHOLD（512 字节），现以 nbytes = 30 为例进行说明：

```
if (UNLIKELY(nbytes == 0)) {
    return NULL;
}
if (UNLIKELY(nbytes > SMALL_REQUEST_THRESHOLD)) {
    return NULL;
}
```

根据表 9-4，在 64 位系统上，可以求解出 30 字节对应的内存块内存大小索引是 1，这与第 2 行内存大小索引（17~32 字节）相对应。

所以目标的内存池可以通过 usedpools[1 + 1]（usedpools[2]）得到：

```
uint size = (uint)(nbytes - 1) >> ALIGNMENT_SHIFT;
poolp pool = usedpools[size + size];
block *bp;
```

接下来，需要校验对于该内存大小索引是否存在可用（包括部分使用）的内存池。如果在 freeblock 链表中找不到有效的内存块，但内存池中仍存在未被分配过的内存块，那么此时就可以调用 pymalloc_pool_extend() 来扩展 freeblock 链表：

```
if (LIKELY(pool != pool->nextpool)) {
    /*
     * 对于该内存大小存在可用的内存池
     * 获取空闲列表头部的内存块
     */
    ++pool->ref.count;
    bp = pool->freeblock;
    assert(bp != NULL);

    if (UNLIKELY((pool->freeblock = *(block **)bp) == NULL)) {
        // 已到达可用列表的末尾，请尝试扩展它
        pymalloc_pool_extend(pool, size);
    }
}
```

如果没有可用的内存池，那么我们就会创建一个新的内存池并将其中的第一个内存块返回。allocate_from_new_pool() 函数将创建一个新的内存池并自动将其插入 usedpools 列表中：

```
else {
    /* 当前没有合适大小的可用内存池
     * 使用一个新内存池
     */
    bp = allocate_from_new_pool(size);
    }

    return (void *)bp;
}
```

最终，函数会返回一个新内存块的地址。

9.3.5   使用 Python 调试 API

sys 模块包含了一个内部函数 _debugmallocstats()，以用于获取在特定内存大小的内存池中已使用的内存块数量。同时，它还会打印已分配的堆区数量、已回收的堆区数量、已使用的内存块数量等数据。

我们可以用这个函数来查看运行时的内存使用情况：

```
$ ./python -c "import sys; sys._debugmallocstats()"

Small block threshold = 512, in 32 size classes.

class   size   num pools   blocks in use  avail blocks
-----   ----   ---------   -------------  ------------
    0     16           1             181            72
    1     32           6             675            81
    2     48          18            1441            71
...
2 free 18-sized PyTupleObjects * 168 bytes each =        336
3 free 19-sized PyTupleObjects * 176 bytes each =        528
```

上述输出展现了内存大小索引表、内存分配情况以及一些其他的统计信息。

9.4   对象和 PyMem 内存分配域

CPython 对象内存分配器是你将要探索的 3 个域中的第一个。对象内存分配器的用途是分配与 Python 对象相关的内存，比如创建新的对象头和对象数据，其中对象数据可以是字典的键、值或列表项等。

这个内存分配器还可以应用在编译器、抽象语法树、解析器、求值循环等多种场景中。关于对象内存分配器，一个很好的例子是 PyLongObject(int) 类型的构造器 PyLong_New()：

❑ 当构造一个新的 int 对象时，就要使用对象内存分配器去分配内存；

❑ 申请的内存大小是 PyLongObject 结构体的大小加上用于存储数字的内存的大小。

Python 中的整型对象并不等价于 C 语言中的 long 类型。在 Python 中，会把数值 12378562834 表示为由一串数字组成的列表 [1,2,3,7,8,5,6,2,8,3,4]。这种内存结构就是 Python 处理大数值而不用担心 32 位或 64 位整数约束的方式。

接下来我们看看 PyLong 的构造函数，这是一个对象内存分配器的例子：

```
PyLongObject *
_PyLong_New(Py_ssize_t size)
{
    PyLongObject *result;
    ...
    if (size > (Py_ssize_t)MAX_LONG_DIGITS) {
        PyErr_SetString(PyExc_OverflowError,
                        "too many digits in integer");
        return NULL;
    }
    result = PyObject_MALLOC(offsetof(PyLongObject, ob_digit) +
                             size*sizeof(digit));
    if (!result) {
        PyErr_NoMemory();
        return NULL;
    }
    return (PyLongObject*)PyObject_INIT_VAR(result, &PyLong_Type, size);
}
```

如果你调用了 _PyLong_New(2)，那么对象内存分配器就会按表 9-6 中列举的内存分布计算 size_t 的值。

表 9-6　整型对象的内存分布

参　数　项	字　　节
sizeof(digit)	4
size	2
header offset	26
合　　计	32

我们将使用值为 32 的 size_t 作为参数去调用 PyObject_MALLOC()。

MAX_LONG_DIGITS 代表的是一个长整型数字的最大值，在我的系统上，它的值是 2 305 843 009 213 693 945（这是一个非常大的数值）。如果你执行 _PyLong_New(2305843009213693945)，它就会计算出 size_t 的大小为 9 223 372 036 854 775 804 字节或 8 589 934 592 千兆字节（这已经超过了我拥有的全部 RAM 空间大小），并将其作为参数去调用 PyObject_MALLOC()。

使用 tracemalloc 模块

标准库中的 tracemalloc 模块可以通过对象分配器来调试内存分配情况。它提供的信息不仅包括一个对象被分配到了哪里，还包括已分配的内存块数量。作为一个调试工具，tracemalloc 还可以帮助我们计算在执行代码时消耗了多少内存，并探测内存泄漏。

为了启用内存追踪功能，你可以在启动 Python 时添加 -X tracemalloc=1 选项，这里的 1 是你期望追踪的帧的深度。或者，也可以设置环境变量 PYTHONTRACEMALLOC=1 来启动内存追踪功能。你可以通过将这里的 1 替换成任意整数来指定要追踪的帧的深度。

你可以使用 take_snapshot() 来创建一个快照实例，然后使用 compare_to() 来比较多个快照。下面我们创建一个 tracedemo.py 文件来看看实际效果：

cpython-book-samples ▸ 32 ▸ tracedemo.py

```python
import tracemalloc

tracemalloc.start()

def to_celsius(fahrenheit, /, options=None):
    return (fahrenheit-32)*5/9

values = range(0, 100, 10) # values = 0, 10, 20, ... 90

for v in values:
    c = to_celsius(v)

after = tracemalloc.take_snapshot()

tracemalloc.stop()
after = after.filter_traces([tracemalloc.Filter(True, '**/tracedemo.py')])
stats = after.statistics('lineno')

for stat in stats:
    print(stat)
```

这个脚本会以从高到低的顺序按行打印内存使用情况的列表：

```
$ ./python -X tracemalloc=2 tracedemo.py

/Users/.../tracedemo.py:5: size=712 B, count=2, average=356 B
/Users/.../tracedemo.py:13: size=512 B, count=1, average=512 B
/Users/.../tracedemo.py:11: size=480 B, count=1, average=480 B
/Users/.../tracedemo.py:8: size=112 B, count=2, average=56 B
/Users/.../tracedemo.py:6: size=24 B, count=1, average=24 B
```

内存消耗最高的行是 return (fahrenheit-32)*5/9，它执行了实际的计算操作。

9.5　原始内存分配域

原始内存分配域的分配器既可以被直接使用，也可以在调用内存请求超过 512 KB 的另外两个域的分配器时被间接使用。它会接受以字节为单位的请求并调用 malloc(size)。如果 size 参数是 0，那么在有些系统上 malloc(0) 就会返回 NULL，但这是一种错误的行为。有些平台在调用 malloc(0) 时会返回一个不指向任何内存的指针，这将导致 pymalloc 崩溃。

为了解决这些问题，_PyMem_RawMalloc() 在调用 malloc() 前会额外添加 1 字节。

> **重点**
>
> 在默认情况下，PyMem 域内存分配器会使用对象内存分配器。PyMem_Malloc() 和 PyObject_Malloc() 有相同的执行路径。

9.6　自定义内存分配器

CPython 也允许你重新实现 3 个域中任意一个分配方法。如果系统环境需要自定义的内存检查或内存分配算法，那么你就可以向运行时中补充一些新的分配函数。

PyMemAllocatorEx 是一个 typedef struct 声明，它的成员是你需要实现或重写的所有分配器方法：

```
typedef struct {
    /* 用户上下文作为以下 4 个函数的第一个参数 */
    void *ctx;

    /* 分配一个内存块*/
    void* (*malloc) (void *ctx, size_t size);

    /* 分配一个初始化为 0 的内存块*/
    void* (*calloc) (void *ctx, size_t nelem, size_t elsize);

    /* 分配一个内存块或改变一个已存在的内存块的大小*/
    void* (*realloc) (void *ctx, void *ptr, size_t new_size);

    /* 释放一个内存块*/
    void (*free) (void *ctx, void *ptr);
} PyMemAllocatorEx;
```

名为 PyMem_GetAllocator() 的 API 方法可用于获取当前所有的分配函数实现。

```
PyMemAllocatorEx * existing_obj;
PyMem_GetAllocator(PYMEM_DOMAIN_OBJ, existing_obj);
```

> **重点**
>
> 以下是对自定义分配器的一些重要的设计约束：
>
> ❑ 当申请 0 字节大小的内存时，新的内存分配器必须明确地返回一个非空指针；
> ❑ PYMEM_DOMAIN_RAW 域中的内存分配器必须是线程安全的。

如果基于 PyMemAllocatorEx 中的函数签名实现了 My_Malloc()、My_Calloc()、My_Realloc() 和 My_Free()，那么你就可以用它们来覆盖诸如 PYMEM_DOMAIN_OBJ 域之类的任何域的内存分配器。

```
PyMemAllocatorEx my_allocators =
    {NULL, My_Malloc, My_Calloc, My_Realloc, My_Free};
PyMem_SetAllocator(PYMEM_DOMAIN_OBJ, &my_allocators);
```

9.7   自定义的内存分配"消毒剂"

内存分配"消毒剂"（memory allocation sanitizer）是发生在分配内存的系统调用和在系统上分配内存的内核函数之间的一组额外的算法。这些算法被应用于那些需要拥有较强系统稳定性或极高安全性的环境，同时也可用于调试内存分配中出现的错误。

CPython 可以在编译时应用内存"消毒剂"。内存"消毒剂"是编译器库的一部分，并不是为 CPython 专门开发的。由于这些算法通常会显著地降低 CPython 的速度，且无法组合在一起使用，因此它们通常用于调试那些出现内存访问错误后会产生严重后果的场景或系统。

9.7.1   AddressSanitizer

AddressSanitizer 是一种速度非常快的内存错误探测器。它可以检测出许多与运行时内存相关的错误：

- ❑ 堆、栈和全局变量的越界内存访问；
- ❑ 使用了已被释放的内存；
- ❑ 重复释放内存或无效释放内存。

可以运行以下指令来开启 AddressSanitizer。

```
$ ./configure --with-address-sanitizer ...
```

> **重点**
>
> AddressSanitizer 最多可以将应用程序的速度降低到原来的 1/2，并消耗多达之前 3 倍的内存。

AddressSanitizer 支持以下操作系统。

❑ Linux
❑ macOS
❑ NetBSD
❑ FreeBSD

可以参考 AddressSanitizer 官方文档获取更多的信息。

9.7.2 MemorySanitizer

MemorySanitizer 是一种读取未初始化内存的探测器。如果一块地址空间在初始化（进行内存分配）之前就被使用了，那么在内存被读取之前进程就会终止。

可以运行以下指令来开启 MemorySanitizer。

```
$ ./configure --with-memory-sanitizer ...
```

重点

MemorySanitizer 最多可以将应用程序的速度降低到原来的1/2，并消耗多达之前两倍的内存。

MemorySanitizer 支持以下操作系统。

❑ Linux
❑ NetBSD
❑ FreeBSD

可以参考 MemorySanitizer 官方文档获取更多的信息。

9.7.3 UndefinedBehaviorSanitizer

UndefinedBehaviorSanitizer（UBSan）是一种速度非常快的未定义行为探测器。它可以在整个执行过程中捕获数种未定义行为：

❑ 未对齐指针或空指针；
❑ 有符号整数溢出；
❑ 浮点型指针之间的转换。

可以运行以下指令来开启 UBSan。

```
$ ./configure --with-undefined-behavior-sanitizer ...
```

UBSan 支持以下操作系统。

❑ Linux

❑ macOS

❑ NetBSD

❑ FreeBSD

可以参考 UndefinedBehaviorSanitizer 官方文档获取更多的信息。

UBSan 有许多可配置项。在构建 CPython 时添加 `--with-undefined-behavior-sanitizer` 编译选项会启用 `undefined` 配置（相当于添加了编译选项`-fsanitize=undefined`）。如果想启用诸如 `nullability` 之类的其他配置，则需附加自定义的 `CFLAGS` 后再执行 `./configure`:

```
$ ./configure CFLAGS="-fsanitize=nullability" \
  LDFLAGS="-fsanitize=nullability"
```

重新编译 CPython 后，此配置将使用 UndefinedBehaviorSanitizer 生成一个 CPython 二进制文件。

9.8　PyArena 内存堆区

在本书中，你将了解 `PyArena` 对象的功能。`PyArena` 是一个独立的用于分配堆区的 API，仅被应用在编译器、帧求值以及系统中其他不使用 Python 对象分配器 API 的场景。

在堆区数据结构中，`PyArena` 也有一个用于存储已分配对象的列表。除此之外，由 `PyArena` 相关 API 分配的内存不会成为垃圾回收器的目标。

当在一个 `PyArena` 实例中分配内存时，它首先会获取运行时已分配的内存块总数，然后会调用 `PyMem_Alloc` 方法。如果 `PyArena` 分配的内存小于等于 512 KB，就会使用对象内存分配器，对更大的内存块[①]则会使用原始内存分配器。

相关源文件

与 `PyArena` 相关的源文件如表 9-7 所示。

表 9-7　与 `PyArena` 相关的源文件

文　　件	用　　途
Include ▶ pyarena.h	PyArena 的 API 和类型定义
Python ▶ pyarena.c	PyArena 的实现

---

① 与前文的 block（小块内存）不同，此处的"内存块"指的是一块任意大小的内存，对应 pyarena.c 中名为 block 的数据结构。——译者注

9.9　引用计数

正如你在本章中看到的，CPython 是建立在 C 语言的动态内存分配系统之上的。CPython 对内存的需求在运行时才会确定，并且需要使用 PyMem 相关 API 在系统上分配内存。

对 Python 开发者来说，内存管理系统已经被抽象和简化了，因此无须过于担心内存的分配和释放。

为了简化内存管理，Python 采用了两种策略去管理那些已分配给对象的内存。

(1) 引用计数。
(2) 垃圾回收。

下面我们来详细介绍一下这两种策略。

9.9.1　在 Python 中创建变量

要在 Python 中创建变量，就必须为一个命名**唯一**的变量赋值：

```
my_variable = ["a", "b", "c"]
```

当我们在 Python 中为一个变量赋值时，需要在局部作用域和全局作用域内检查这个变量名是否已经存在。

在上面的例子中，my_variable 这个变量并未出现在任何 locals()字典或 globals() 字典中。此时我们就成功创建了一个新的 list 对象，它的指针被存储在 locals() 字典中。

这个列表的一个引用就是 my_variable。只要存在对列表的有效引用，列表对象的内存就不会被释放。如果它的内存被释放，那么 my variable 的指针就将指向无效的内存空间，同时也会导致 CPython 崩溃。

在 CPython 的 C 语言源代码中，你会看到对 Py_INCREF() 和 Py_DECREF() 的许多调用。这些宏是增减 Python 对象引用的主要 API。每当有新变量依赖于某个对象时，这个对象的引用计数就会递增。当此变量与对象的依赖关系不再有效时，引用计数就会递减。

如果引用计数达到 0，CPython 就会假定不再需要这块内存了，此时这块内存将被自动释放。

9.9.2　增加引用

每一个 PyObject 实例都有一个 ob_refcnt 属性，这个属性是对该对象所引用的数量的计数器。

许多场景中需要增加对对象的引用，CPython 的代码库中有 3000 多个对 Py_INCREF() 的调用。

最常见的需要增加引用计数的场景是当对象有如下操作时：

- 被赋值到某个变量名中；
- 被作为函数或方法的参数来引用；
- 由函数中的 return 或 yield 返回。

Py_INCREF 这个宏背后的逻辑只有一步，就是将 ob_refcnt 的值加 1：

```
static inline void _Py_INCREF(PyObject *op)
{
    _Py_INC_REFTOTAL;
    op->ob_refcnt++;
}
```

如果 CPython 以调试模式编译，那么 _Py_INC_REFTOTAL 将会增加全局的引用计数（_Py_RefTotal）。

> **注意**
>
> 当运行以调试模式构建的 CPython 时，可以通过添加 -X showrefcount 标志来查看全局的引用计数：
>
> ```
> $ ./python -X showrefcount -c "x=1; x+=1; print(f'x is {x}')"
> x is 2
> [18497 refs, 6470 blocks]
> ```
>
> 方括号内的第一个数值是整个进程的引用数量，第二个数值是已分配的内存块的数量。

9.9.3   减少引用

当一个变量超出声明它的作用域时，这个对象的引用就会减少。Python 中的作用域可以是函数（方法）、推导式或 lambda 表达式。这是一些字面上的作用域，同时还有很多隐式的作用域，比如将变量传递给函数调用。

Py_DECREF() 比 Py_INCREF() 还要复杂，因为它还需要处理当引用计数到 0 时释放对象内存的相关逻辑：

```
static inline void _Py_DECREF(
#ifdef Py_REF_DEBUG
    const char *filename, int lineno,
#endif
    PyObject *op)
{
    _Py_DEC_REFTOTAL;
    if (--op->ob_refcnt != 0) {
#ifdef Py_REF_DEBUG
        if (op->ob_refcnt < 0) {
```

```
                _Py_NegativeRefcount(filename, lineno, op);
        }
#endif
    }
    else {
        _Py_Dealloc(op);
    }
}
```

在 Py_DECREF() 内部,当引用计数(ob_refcnt)的值变为 0 时,我们会通过 _Py_Dealloc(op) 调用对象的析构函数,同时也会释放已分配的内存。

与 Py_INCREF() 一样,当 CPython 以调试模式编译时,Py_DECREF() 会附加一些额外的功能。

每一次增加引用计数后,都需要有对应的减少引用计数的操作。如果引用计数变为负数,则代表 C 语言代码中的增减引用不平衡。在尝试减少一个未被引用的对象的引用计数时,CPython 就会给出错误信息:

```
<file>:<line>: _Py_NegativeRefcount: Assertion failed:
    object has negative ref count
Enable tracemalloc to get the memory block allocation traceback

object address  : 0x109eaac50
object refcount : -1
object type     : 0x109cadf60
object type name: <type>
object repr     : <refcnt -1 at 0x109eaac50>
```

所以,在改变字节码操作、Python 语言或编译器的行为时,必须仔细考虑对对象引用计数的影响。

9.9.4　字节码操作中的引用计数

Python 中的很大一部分增减引用计数的操作出现在 Python ▶ ceval.c 中的字节码操作中。

例如,我们现在统计一下下面这个例子中变量 y 的引用数量:

```python
y = "hello"

def greet(message=y):
    print(message.capitalize() + " " + y)

messages = [y]

greet(*messages)
```

粗略来看,这里有 4 处对 y 的引用。

(1) 作为顶层作用域的变量。

(2) 作为关键字参数 message 的默认值。

(3) 在 greet() 函数内。

(4) 作为 message 列表中的一项。

添加如下代码段后再次执行代码：

```
import sys
print(sys.getrefcount(y))
```

事实上，这里共有 6 次对 y 的引用。

这些增减引用的逻辑会被划分成多个小部分，而不是放在一个可以覆盖所有情况的大函数中。

对于那些作为字节码操作参数的对象，字节码操作对它们的引用计数具有决定性的影响。

例如，在帧的求值循环中，LOAD_FAST 操作会加载指定名字的对象并将其压入值栈的顶部。一旦使用 GETLOCAL() 成功解析了 oparg 中提供的变量名，这些对象的引用计数就会增加：

```
...
    case TARGET(LOAD_FAST): {
        PyObject *value = GETLOCAL(oparg);
        if (value == NULL) {
            format_exc_check_arg(tstate, PyExc_UnboundLocalError,
                            UNBOUNDLOCAL_ERROR_MSG,
                            PyTuple_GetItem(co->co_varnames, oparg));
            goto error;
        }
        Py_INCREF(value);
        PUSH(value);
        FAST_DISPATCH();
    }
```

许多抽象语法树节点会编译出 LOAD_FAST 字节码。

假设你为 a 和 b 两个变量赋了值，然后又基于 a 和 b 的乘积创建了第三个变量 c：

```
a = 10
b = 20
c = a * b
```

在第三个操作 c = a * b 中，右侧的表达式 a * b 可以被分解为 3 个字节码操作。

(1) LOAD_FAST：解析变量 a 并将其压入值栈，然后将 a 的引用计数加 1。

(2) LOAD_FAST：解析变量 b 并将其压入值栈，然后将 b 的引用计数加 1。

(3) BINARY_MULTIPLY：将左右变量相乘，并将结果压入值栈。

二元乘法运算字节码 BINARY_MULTIPLY 知道运算中左、右变量的引用已经分别被加载到值栈中的第一个位置和第二个位置。这也意味着 LOAD_FAST 字节码已经增加了两个变量的引用计数。

因此，在 BINARY_MULTIPLY 字节码的实现中，一旦计算出结果，a(left) 和 b(right) 的引用计数就要递减，以保持引用计数的平衡：

```
case TARGET(BINARY_MULTIPLY): {
    PyObject *right = POP();
    PyObject *left = TOP();
    PyObject *res = PyNumber_Multiply(left, right);
    Py_DECREF(left);
    Py_DECREF(right);
    SET_TOP(res);
    if (res == NULL)
        goto error;
    DISPATCH();
}
```

在将求得的结果 res 放置到值栈的顶部之前，它的引用计数会保持为 1。

9.9.5 CPython 引用计数的优点

CPython 的引用计数具有简单、快速且高效的优点。引用计数最大的缺点是它需要考虑并小心谨慎地平衡每一个操作所产生的影响。

就像你刚刚看到的，如果有一个字节码操作会增加计数，那么就要假定有对应的操作会合理地减少计数。但人们往往会担心，如果出现意外错误会发生什么情况？所有可能的场景都经过测试了吗？

到目前为止，我们讨论的所有内容都在 CPython 运行时的范围内。Python 开发者几乎无法控制这种行为。

同时，引用计数的这种内存管理策略还有一个非常大的缺陷——无法解决**循环引用**的问题。

以下面的 Python 代码为例：

```
x = []
x.append(x)
del x
```

由于对象 x 引用了它自己，因此其引用计数会始终保持为 1，即 CPython 无法通过引用计数算法销毁 x。

为了应对这种复杂问题并解决该类型的内存泄漏，CPython 还有第二种内存管理机制，我们称之为垃圾回收。

9.10 垃圾回收

你多久收集一次垃圾？一周一次或每两周一次？

我们吃完东西后，会随手把垃圾丢进垃圾桶。但那些垃圾并不会立刻被回收，我们需要等待垃圾车来将它们带走。

CPython 的垃圾回收算法也采用了同样的原理，它可以用于释放那些不再使用的对象所占用的内存。垃圾回收器会默认启用，并在后台运行。

由于垃圾回收算法比引用计数算法复杂得多，因此它不会一直执行。如果一直执行，则会消耗大量的 CPU 资源。垃圾回收算法会在一定数量的操作后周期性地执行。

9.10.1　相关源文件

与垃圾回收器相关的源文件如表 9-8 所示。

表 9-8　与垃圾回收器相关的源文件及其用途

文　件	用　途
Modules ▶ gcmodule.c	垃圾回收模块和算法实现
Include ▶ internal ▶ pycore_mem.h	垃圾回收器的数据结构和内部 API

9.10.2　垃圾回收器的设计

如前所述，每一个 Python 对象都持有一个统计其引用数量的计数器。一旦这个计数达到 0，对象就会被销毁，并且它占用的内存也会被释放。

但许多 Python 容器类型（如列表、元组、字典和集合）可能会导致循环引用。引用计数的机制并不足以保证在不需要此类对象时释放它们。

尽管要尽量避免在容器类型对象中创建循环引用，但在标准库和解释器内核中仍然有许多这样的例子。下面就是一个常见的容器类型（class）引用自身的例子。

cpython-book-samples ▶ 32 ▶ user.py

```python
__all__ = ["User"]

class User(BaseUser):
    name: 'str' = ""
    login: 'str' = ""

    def __init__(self, name, login):
        self.name = name
        self.login = login
        super(User).__init__()

    def __repr__(self):
        return ""
```

```
class BaseUser:
    def __repr__(self):
        # 这段代码创建了一个循环引用
        return User.__repr__(self)
```

在这个例子中，User 的实例链接了 BaseUser 类型，而 BaseUser 类型又引用回了 User 的实例。垃圾回收器的目标是找到**不可达**对象并将它们标记为垃圾。

有些垃圾回收算法（如**标记-清除算法**或**停止-复制算法**）会从系统的根对象出发搜索所有**可达**的对象。但这在 CPython 中很难实现，因为 C 语言扩展模块会定义并存储它们自己的对象。你不能简单地通过查看 locals() 和 globals() 来确认所有对象。

对于长期运行的进程或处理大量数据的任务，如果运行时内存不足，则会导致严重的问题。

为了解决这个问题，CPython 垃圾回收器利用现有的引用计数算法和自定义的垃圾回收器算法来查找所有不可达的对象。由于引用计数已经覆盖了大部分场景，因此 CPython 垃圾回收器的工作就是查找容器类型中的循环引用。

9.10.3　垃圾回收器管理的容器类型

垃圾回收器只会查找那些在类型定义中设置了 **Py_TPFLAGS_HAVE_GC** 标志的类型。第 11 章会详细介绍这种类型定义。

以下是被标记为需要垃圾回收的类型：

- 类、方法和函数对象
- cell 对象
- 字节数组、单字节和 Unicode 字符串
- 字典
- 属性中的描述符对象
- 枚举对象
- 异常
- 帧对象
- 列表、元组、命名元组和集合
- 内存对象
- 模块和命名空间
- 类型和弱引用对象
- 迭代器和生成器
- pickle 缓存区

你想知道上述类型中少了什么类型吗？浮点数类型、整型、布尔类型和 NoneType 都不会被垃圾回收器标记。

那些使用 C 语言扩展模块编写的自定义类型也可以使用垃圾回收器的 C 语言 API 标记为需要垃圾回收。

9.10.4　不可追踪对象与可变性

垃圾回收器可以通过追踪某些对象属性的变化来确定哪些对象是不可达的。

有些容器实例是不可变的，它们不会被更改，所以 API 提供了**一种取消追踪**的机制。垃圾回收器追踪的对象越少，其进行垃圾回收的速度就越快，效率也就越高。

元组就是一个很好的不可追踪对象的例子。元组是不可变的，一旦你创建了它们，它们就不会改变了。然而，元组中可以包含可变类型，比如列表和字典。

这种设计在 Python 中产生了很多负面影响，其中之一就是垃圾回收算法。当创建一个元组后，除非它是空元组，否则就会被标记为需要追踪。

当垃圾回收器运行时，每一个元组都会检查自己是否只包含不可变（不可追踪）实例。这个步骤会在 _PyTuple_MaybeUntrack() 中完成。如果元组确定了自己仅包含不可变实例（如布尔类型和整型），就会通过调用 _PyObject_GC_UNTRACK() 把自己从垃圾回收器的追踪中移除。

字典在刚被创建时是空的且不会被追踪。当我们向字典中添加成员时，如果添加的成员是可追踪对象，那么字典就会请求垃圾回收器追踪自己。

可以通过调用 gc.is_tracked(obj) 来查看一个对象是否正在被追踪。

9.10.5　垃圾回收算法

接下来，我们将进一步探索垃圾回收算法的实现细节。CPython 的核心开发团队已经撰写了详细的指导，你可以参考它来获取更多信息。

1. 初始化

垃圾回收的入口点是 PyGC_Collect()，它按照以下 5 步来启动和停止垃圾回收器。

(1) 从解释器获取垃圾回收状态 GCState。

(2) 检查垃圾回收器是否开启。

(3) 检查垃圾回收器是否已经运行。

(4) 通过回调执行垃圾回收函数 collect()。

(5) 标记垃圾回收已经完成。

可以使用 `gc.callbacks` 列表指定垃圾回收完成后需要调用的回调函数。这里的回调函数需要有 `f(stage: str, info: dict)` 格式的函数签名。

```
Python 3.9 (tags/v3.9:9cf67522, Oct 5 2020, 10:00:00)
[Clang 6.0 (clang-600.0.57)] on darwin
Type "help", "copyright", "credits" or "license" for more information.
>>> import gc
>>> def gc_callback(phase, info):
...  print(f"GC phase:{phase} with info:{info}")
...
>>> gc.callbacks.append(gc_callback)
>>> x = []
>>> x.append(x)
>>> del x
>>> gc.collect()
GC phase:start with info:{'generation': 2,'collected': 0,'uncollectable': 0}
GC phase:stop with info:{'generation': 2,'collected': 1,'uncollectable': 0}
1
```

2. 回收阶段

在垃圾回收的主函数中，`collect()` 的回收目标是 CPython 的 3 代（generation）中的某一代。在了解"代"的概念之前，需要先了解垃圾回收算法。

那些作为垃圾回收器目标的容器类型都有一个额外的结构体头 `PyGC_HEAD`，这个结构体头会将它们链接到一个双向链表中。每一次垃圾回收，垃圾回收器都会遍历对象类型中定义的双向链表。换句话说，垃圾回收器无须搜索所有的容器类型对象，只需查找双向链表中的对象即可。

当一个容器类型对象被创建时，它也会把自己添加到双向链表中，而当它被销毁时，同样会将自己从双向链表中删除。下面来看一下 cellobject.c 中的一个示例：

Objects ▶ cellobject.c 中的第 7 行

```
PyObject *
PyCell_New(PyObject *obj)
{
    PyCellObject *op;

    op = (PyCellObject *)PyObject_GC_New(PyCellObject, &PyCell_Type);
    if (op == NULL)
        return NULL;
    op->ob_ref = obj;
    Py_XINCREF(obj);

>>  _PyObject_GC_TRACK(op);
    return (PyObject *)op;
}
```

由于 cell 是可变的，因此 CPython 需要调用 _PyObject_GC_TRACK() 以把 cell 对象标记为需要追踪的对象。

如果 cell 对象被删除，则会调用 cell_dealloc()。这个函数包括以下 3 个步骤。

(1) 析构函数通过调用 _PyObject_GC_UNTRACK() 告诉垃圾回收器停止追踪这个实例。由于实例已被销毁，因此在后续的垃圾回收过程中不再需要检查它的内容是否会更改。

(2) Py_XDECREF 是所有析构函数中用于减少引用计数的标准调用。如果一个对象的引用计数初始化值为 1，那么在析构时就需要对这个引用计数进行减 1 操作。

(3) 通过调用 gc_list_remove()，PyObject_GC_Del() 会从垃圾回收链表中移除此对象，然后通过 PyObject_FREE() 释放内存。

下面是 cell_dealloc() 的源代码：

Objects ▶ cellobject.c 中的第 79 行

```
static void
cell_dealloc(PyCellObject *op)
{
    _PyObject_GC_UNTRACK(op);
    Py_XDECREF(op->ob_ref);
    PyObject_GC_Del(op);
}
```

当垃圾回收开始时，垃圾回收器会把较年轻的代并入当前代中一起进行垃圾回收。如果你正在回收第二代，那么当垃圾回收开始时，就会通过 gc_list_merge() 函数将第一代的对象也合并到第二代的垃圾回收列表中。

接下来，垃圾回收器将确定当前目标代（对应源代码中的 young 变量）中的不可达对象。确定不可达对象的逻辑位于 deduce_unreachable() 函数中，它遵循以下几个步骤。

(1) 对于某代中的所有对象，将引用计数值 ob->ob_refcnt 复制到 ob->gc_ref。

(2) 将每个对象的 gc_ref 都减去该对象被内部（循环）引用的数量，就可以确定垃圾回收器需要回收多少对象。如果 gc_refs 最终达到 0（对一个对象的引用全都是内部引用），那么对象就是不可达的。

(3) 创建一个不可达对象的列表，然后将所有满足步骤(2)标准的对象都添加进去。

(4) 从代的对象列表中删除所有满足步骤(2)标准的对象。

目前并不存在可以确定所有类型的循环引用的一种全局通用的方法。每种类型都必须在 tp_traverse 插槽中定义一个满足函数签名 traverseproc 的自定义函数。为了完成上述步骤(2)，deduce_unreachable() 会在 subtract_refs() 中为每一个对象调用此遍历（traversal）函数。这个遍历函数又会对它（容器对象）包含的每一个对象递归执行回调函数 visit_decref()。

Modules ▶ gcmodule.c 中的第 462 行

```
static void
subtract_refs(PyGC_Head *containers)
{
    traverseproc traverse;
    PyGC_Head *gc = GC_NEXT(containers);
    for (; gc != containers; gc = GC_NEXT(gc)) {
        PyObject *op = FROM_GC(gc);
        traverse = Py_TYPE(op)->tp_traverse;
        (void) traverse(FROM_GC(gc),
                        (visitproc)visit_decref,
                        op);
    }
}
```

每个对象的遍历函数都保存在 Objects 目录下对应的源代码中。例如，元组类型的遍历函数 tupletraverse() 会保存在 Objects ▶ tupleobject.c 中，它会在元组的每一项上调用 visit_decref()。又如，字典类型的遍历函数会保存在 Objects ▶ dictobject.c 中，它会在字典的每一个键和值上调用 visit_decref()。

垃圾回收完成后，所有最终没有移动到 unreachable 列表中的对象都会移动到下一代。

3. 释放对象

一旦确定了不可达的对象，就可以按照以下步骤（小心谨慎地）释放它们。释放方法取决于对象类型的实现是否使用了旧版本的 tp_del 插槽或新的终结器（finalizer）插槽。

(1) 如果对象在旧版本的 tp_del 插槽中定义了终结器，那么它就无法被安全地删除，也无法被标记为不可回收。这些对象将被添加到 gc.garbage 列表中，开发人员可以手动销毁它们。

(2) 如果对象已经在 tp_finalize 插槽中定义了一个终结器，那么它就会被标记为已终结，以免被调用两次。

(3) 如果步骤(2)中的对象由于再次初始化而复活，那么垃圾回收器就会重新执行回收过程。

(4) 所有对象都会调用 tp_clear 插槽。此插槽会将引用计数 ob_refcnt 修改到 0，以触发内存释放。

9.10.6　分代垃圾回收

我们观察到大多数（80% 或更多）对象在创建后不久就会被销毁，而分代垃圾回收正是基于这一统计结果的技术。

CPython 的垃圾回收器包含 3 代，每一代都有一定的阈值来触发回收。最年轻的一代（0 代）有最高的阈值，以避免回收执行得过于频繁。如果一个对象在垃圾回收中存活，那么它就会被移动到第二代，然后再被移动到第三代中。

回收函数以单一的一代作为目标，它会在执行之前把更年轻的代合并到当前代中。因此，如果在第一代上执行 collect()，那么它还会回收第 0 代的对象。同样，如果在第二代上执行 collect()，则它会回收第 0 代和第 1 代的对象。

实例化对象时，代的对象计数会随之增加。当对象计数达到用户定义的阈值时，CPython 会自动执行 collect() 函数。

9.10.7　使用 Python 的垃圾回收 API

CPython 的标准库自带名为 gc 的 Python 模块，该模块为堆区和垃圾回收器提供了接口。接下来我们会介绍如何在调试模式下使用 gc 模块：

```
>>> import gc
>>> gc.set_debug(gc.DEBUG_STATS)
```

这将在运行垃圾回收器时打印统计信息：

```
gc: collecting generation 2...
gc: objects in each generation: 3 0 4477
gc: objects in permanent generation: 0
gc: done, 0 unreachable, 0 uncollectable, 0.0008s elapsed
```

可以使用 gc.DEBUG_COLLECTABLE 来研究对象何时被当作垃圾进行回收。当你将该函数与 gc.DEBUG_SAVEALL 调试标志一起使用时，一旦对象被回收，就会将它们移动到 gc.garbage 列表中：

```
>>> import gc
>>> gc.set_debug(gc.DEBUG_COLLECTABLE | gc.DEBUG_SAVEALL)
>>> z = [0, 1, 2, 3]
>>> z.append(z)
>>> del z
>>> gc.collect()
gc: collectable <list 0x10d594a00>
>>> gc.garbage
[[0, 1, 2, 3, [...]]]
```

你可以在垃圾回收器运行后，通过执行 get_threshold() 来获取触发垃圾回收的对象阈值。

```
>>> gc.get_threshold()
(700, 10, 10)
```

也可以获取当前的对象计数：

```
>>> gc.get_count()
(688, 1, 1)
```

最后，你可以手动运行某一代的回收算法，它将返回被回收的对象总数：

```
>>> gc.collect(0)
24
```

如果不指定代，那么它将默认被设置为2，这会将第0代和第1代合并在一起进行垃圾回收。

```
>>> gc.collect()
20
```

9.11 小结

在本章中，你已经了解了 CPython 如何分配内存、管理内存和释放内存。即使是最简单的 Python 脚本，在它运行的生命周期内，这些操作也会发生数千次。CPython 内存管理系统的可靠性和可扩展性使它拥有极广的应用范围：小到仅有两行的 Python 脚本，大到世界上一些需要长期运行的受欢迎的网站。

如果你需要开发 C 语言扩展模块，那么本章中展示的对象和原始内存分配系统将非常有用。开发 C 语言扩展模块需要对 CPython 的内存管理系统有深入的了解，因为即使是缺少一个 Py_INCREF()，也可能导致内存泄漏或系统崩溃。

当你用纯 Python 语言代码开发时，如果掌握垃圾回收器的知识，那么对设计需要长期运行的 Python 应用程序来说就会非常有用。如果你设计了一个需要持续运行数小时、数天甚至更长时间的函数，那么这个函数就需要谨慎地管理自身的内存，并将其控制在运行它的系统的限制范围内。

现在，你可以使用本章中学习的一些技术来控制和调整垃圾回收的代，以更好地优化代码及其内存占用空间。

第 10 章

并行和并发

计算机在设计之初一次只能做一件事，其所处理的工作大多涉及计算数学领域。随着时间的推移，计算机需要处理各种来源的输入，有些甚至远至遥远的星系。

其结果是，计算机应用程序现在要花费大量时间等待响应，这些时间消耗或者来自总线、输入、存储单元、计算、API，或者来自远程资源。

计算领域的另一个进步是从单用户终端转向多任务操作系统。应用程序需要在后台运行，以便在网络上监听和响应，并处理鼠标光标等输入。

早在现代多核 CPU 出现之前就有处理多任务的需求，因此操作系统长久以来能在多个进程之间共享系统资源。

任何操作系统的核心都是正在运行的进程的注册表。每个进程都有一个所有者，并且进程可以请求内存、CPU 等资源，其中"内存分配"的内容已在第 9 章中做过介绍。

对于 CPU 资源，进程会以待执行的操作的形式请求 CPU 时间。操作系统根据优先级来分配 CPU 时间和调度进程，以此来控制各个进程对 CPU 的使用，如图 10-1 所示。

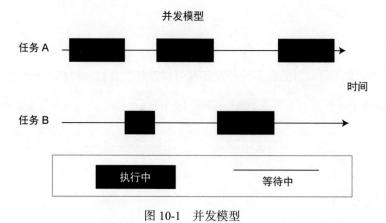

图 10-1 并发模型

一个进程可能需要同时处理多件事情，例如，文字处理器就需要在你打字时检查你的拼写。现代应用程序通过并发运行多个线程并处理它们自己的资源来实现这一点。

并发是处理多任务的绝佳解决方案，但 CPU 有其局限性。一些高性能计算机会部署多个 CPU 或多个核来分散任务。操作系统提供了一种跨多个 CPU 调度进程的方法，如图 10-2 所示。

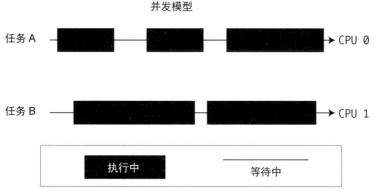

图 10-2　并行模型

综上所述，计算机使用并行和并发来处理多任务问题。

❑ 要具有**并行性**，就需要多个计算单元。计算单元可以是 CPU 或核。
❑ 要获得**并发性**，就需要一种任务调度策略，以使空闲的任务不锁定资源。

为了向开发者提供一种简单的 API，CPython 设计的许多部分对操作系统的复杂性做了抽象化处理。对于并行和并发，CPython 的处理方法也是如此。

10.1　并行模型和并发模型

CPython 提供了许多并行和并发的方法，而你要选择哪一个取决于多个因素。随着 CPython 的发展，这些并行模型和并发模型之间也存在重叠的用例。

对于某个特定的问题，可能有多种并发实现可供选择，且每一种都各有利弊。

CPython 捆绑了 4 种并行、并发模型，如表 10-1 所示。

表 10-1　4 种并行、并发模型

方　　法	模　　块	并　　发	并　　行
线程	threading	是	否
多进程	multiprocessing	是	是
异步	asyncio	是	否
子解释器	subinterpreters	是	是

10.2 进程的结构

Windows、macOS、Linux 等操作系统的任务之一是控制正在运行的进程。这些进程既可以是浏览器、IDE 等用户界面应用程序，也可以是网络服务、操作系统服务等后台进程。

为了控制这些进程，操作系统提供了用于启动新进程的 API。创建进程时，操作系统会对其进行注册，以便知道哪些进程正在运行。进程被赋予了唯一的 ID（PID）。根据操作系统的不同，进程可以具有其他几种属性。

POSIX 进程具有在操作系统上注册的最小属性集：

- 控制终端
- 当前工作目录
- 有效组 ID 和有效用户 ID
- 文件描述符和文件模式创建掩码
- 进程组 ID 和进程 ID
- 真实组 ID 和真实用户 ID
- 根目录

通过运行 ps 命令，你可以看到在 macOS 系统或 Linux 系统上运行进程的这些属性。

参阅

IEEE POSIX 标准（1003.1–2017）定义了进程和线程的接口以及标准行为。

Windows 进程具有类似的属性列表，但它设置了自己的标准。与 POSIX 进程相比，Windows 进程在文件权限、目录结构、进程注册表等方面有很大的不同。

由 Win32_Process 表示的 Windows 进程可以在 WMI、WMI 运行时或任务管理器中查询。

在操作系统上启动一个进程后，你会得到：

- 用于调用子程序的**栈**内存；
- **堆**（参见 9.1.3 节）；
- 操作系统上**文件**、**锁**和**套接字**的访问途径。

当进程执行时，计算机上的 CPU 还会保留其他数据，例如：

- 一个**寄存器**，用于保存当前正在执行的指令或该指令的进程所需的其他任何数据；
- 一个**指令指针**或**程序计数器**，用于指示程序序列中哪条指令正在执行。

CPython 进程包括已编译的 CPython 解释器和已编译的模块。这些模块会在运行时加载并通过 CPython 求值循环转换为指令，如图 10-3 所示。

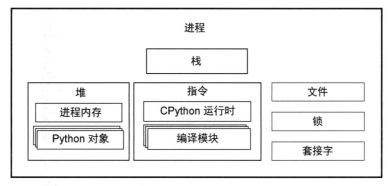

图 10-3 CPython 进程

程序寄存器和程序计数器指向的是进程中的**单条**指令。这意味着在任何时候只能执行一条指令。对 CPython 而言，这意味着在给定时间只能执行一条 Python 字节码指令。

如果想在进程中并行执行指令，那么主要有以下两种方法。

(1) fork 另一个进程。

(2) spawn 一个线程。

现在我们已经回顾了进程的构成，可以探索 fork 子进程和 spawn 子进程了。

10.3 多进程并行

POSIX 系统为所有进程都提供了一个 fork 子进程的 API。fork 进程是对操作系统的低层次 API 调用，其可以由任何正在运行的进程执行。

进行此调用时，操作系统会克隆当前正在运行的进程的所有属性并创建一个新进程。克隆的内容包括父进程的堆、寄存器、计数器位置等。子进程可以在 fork 时从父进程读取任何变量。

10.3.1 在 POSIX 中 fork 进程

以 9.1.3 节开头使用的示例应用程序为例，我们可以通过使用 fork() 把它调整为每个华氏温度值生成一个子进程，而不是按顺序计算它们。每个子进程将从该点继续运行：

cpython-book-samples ▶ 33 ▶ thread_celsius.c

```
#include <stdio.h>
#include <stdlib.h>
#include <unistd.h>
```

```
static const double five_ninths = 5.0/9.0;

double celsius(double fahrenheit){
    return (fahrenheit - 32) * five_ninths;
}

int main(int argc, char** argv) {
    if (argc != 2)
        return -1;
    int number = atoi(argv[1]);
    for (int i = 1 ; i <= number ; i++ ) {
        double f_value = 100 + (i*10);
        pid_t child = fork();
        if (child == 0) { // 满足该条件的是子进程
            double c_value = celsius(f_value);
            printf("%f F is %f C (pid %d)\n", f_value, c_value, getpid());
            exit(0);
        }
    }
    printf("Spawned %d processes from %d\n", number, getpid());
    return 0;
}
```

在命令行上运行上面的程序会得到如下输出结果：

```
$ ./thread_celsius 4
110.000000 F is 43.333333 C (pid 57179)
120.000000 F is 48.888889 C (pid 57180)
Spawned 4 processes from 57178
130.000000 F is 54.444444 C (pid 57181)
140.000000 F is 60.000000 C (pid 57182)
```

父进程（57178）产生了 4 个进程。对于每个子进程，程序会在 child = fork() 行处继续执行，其 child 的结果值为 0。然后它会完成计算、打印值并退出进程。最后，父进程会输出所产生的进程数和自己的 PID。

完成第三个子进程和第四个子进程所用的时间比完成父进程所用的时间长。这就是父进程在第三个子进程和第四个子进程打印它们的输出之前打印最终输出的原因。

父进程可以在子进程结束前以自己的退出码退出。子进程由操作系统添加到进程组中，从而更容易控制所有相关进程，如图 10-4 所示。

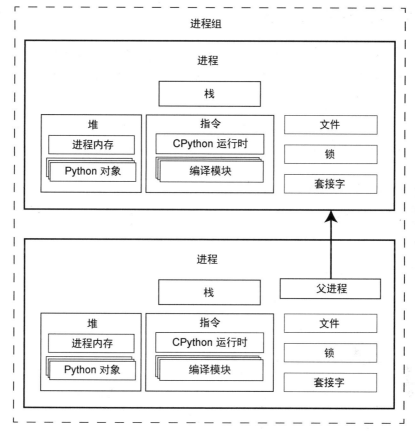

图 10-4　进程组

这种并行方法的最大缺点是子进程只是父进程的一个完整副本。

对于 CPython，这意味着将运行两个 CPython 解释器，且二者都必须加载模块和所有库。这会产生很大的开销。当正在完成的任务的任务量超过 fork 进程的开销时，使用多个进程是有意义的。

fork 进程的另一个主要缺点是它们有一个分离于父进程的独立堆。这意味着子进程不能写入父进程的内存空间。

创建子进程后，父进程的堆可供子进程使用。为了将信息发送回父进程，必须使用某种形式的进程间通信（IPC）。

> **注意**
>
> os 模块提供了一个包装 fork() 的包装器。

10.3.2　Windows 系统上的多进程

到目前为止，我们已经了解了 POSIX 中的多进程模型。Windows 系统没有提供和 fork() 等价的 API。对 Python 而言，不论运行在 Linux 系统、macOS 系统还是 Windows 系统上，都应该尽可能提供相同的 API。

为了克服这个问题，CreateProcessW() API 用于 spawn 另一个带有 -c 命令行参数的 python.exe 进程。此步骤称为 spawn 进程，POSIX 中也支持 spawn 进程。本章会介绍相关内容。

10.3.3　multiprocessing 包

CPython 在操作系统 fork 进程的 API 之上提供了一个 API，这使得在 Python 中创建多进程并行变得非常容易。

这个 API 位于 multiprocessing 包中，它提供了池化进程、队列、fork、创建共享内存堆、将进程连接在一起等扩展功能。

10.3.4　相关源文件

表 10-2 展示了与 multiprocessing 相关的源文件。

表 10-2　与 multiprocessing 相关的源文件及其用途

文　件	用　途
Lib ▶ multiprocessing	multiprocessing 包的 Python 源代码
Modules ▶ _posixsubprocess.c	包装 POSIX fork() 系统调用的 C 语言扩展模块
Modules ▶ _winapi.c	包装 Windows 系统内核 API 的 C 语言扩展模块
Modules ▶ _multiprocessing	multiprocessing 包使用的 C 语言扩展模块
PC ▶ msvcrtmodule.c	Microsoft Visual 的 C 语言运行时库的 Python 接口

10.3.5　spawn 进程和 fork 进程

multiprocessing 包提供了 3 种启动新的并行进程的方法。

(1) fork 一个解释器（仅限 POSIX 系统）。

(2) spawn 一个新的解释器进程（POSIX 系统和 Windows 系统）。

(3) 运行一个 fork 服务器，在其中创建一个新进程，然后 fork 任意数量的进程（仅限 POSIX 系统）。

对于 Windows 系统和 macOS 系统,默认的启动方法是 spawn。对于 Linux 系统,默认的启动方法是 fork。你可以使用 multiprocessing.set_start_method() 覆盖默认方法。

用于启动新进程的 Python API 的入参包括可调用的 target 和参数元组 args。

下面是生成一个新进程将华氏温度转换为摄氏温度的例子:

cpython-book-samples ▸ 33 ▸ spawn_process_celsius.py

```python
import multiprocessing as mp
import os

def to_celsius(f):
    c = (f - 32) * (5/9)
    pid = os.getpid()
    print(f"{f}F is {c}C (pid {pid})")

if __name__ == '__main__':
    mp.set_start_method('spawn')
    p = mp.Process(target=to_celsius, args=(110,))
    p.start()
```

虽然可以启动单个进程,但 multiprocessing API 会假设你想要启动多个。有一些方便的方法可以生成多个进程并为它们提供数据集,其中一种方法是使用 Pool 类。

前面的示例可以扩展为在单独的 Python 解释器中计算一系列值:

cpython-book-samples ▸ 33 ▸ pool_process_celsius.py

```python
import multiprocessing as mp
import os

def to_celsius(f):
    c = (f - 32) * (5/9)
    pid = os.getpid()
    print(f"{f}F is {c}C (pid {pid})")

if __name__ == '__main__':
    mp.set_start_method('spawn')
    with mp.Pool(4) as pool:
        pool.map(to_celsius, range(110, 150, 10))
```

值得注意的是,执行上面示例代码的输出显示了相同的 PID。因为 CPython 解释器进程有很大的开销,所以 Pool 会将池中的每个进程视为一个 worker。如果一个 worker 已经完成,那么它就会被重用。

可以通过替换此行来更改该设置：

```
with mp.Pool(4) as pool:
```

可以将其替换为以下代码：

```
with mp.Pool(4, maxtasksperchild=1) as pool:
```

现在前面的多进程示例将打印像下面这样的内容：

```
$ python pool_process_celsius.py
110F is 43.333333333333336C (pid 5654)
120F is 48.88888888888889C (pid 5653)
130F is 54.44444444444445C (pid 5652)
140F is 60.0C (pid 5655)
```

输出显示了新生成进程的进程 ID 和计算的值。

1. 创建子进程

上面两个脚本都将创建一个新的 Python 解释器进程并使用 pickle 将数据传递给它。

> **参阅**
>
> pickle 模块是一个用于序列化 Python 对象的序列化包。有关详细信息，请查看 *Real Python* 中的 "The Python pickle Module: How to Persist Objects in Python"。

对于 POSIX 系统，使用 multiprocessing 模块创建子进程等价于如下命令，其中<i> 是文件句柄描述符，<j> 是管道句柄描述符：

```
$ python -c 'from multiprocessing.spawn import spawn_main; \
  spawn_main(tracker_fd=<i>, pipe_handle=<j>)' --multiprocessing-fork
```

对于 Windows 系统，可以使用父进程的 PID 而不是此命令中的跟踪器文件描述符，其中<k> 是父进程的 PID，<j>是管道句柄描述符。

```
> python.exe -c 'from multiprocessing.spawn import spawn_main; \
  spawn_main(parent_pid=<k>, pipe_handle=<j>)' --multiprocessing-fork
```

2. 将数据通过管道传递给子进程

当新的子进程在操作系统上被实例化后，它会等待来自父进程的初始化数据。

父进程会将两个对象写入管道文件流（管道文件流是一种特殊的 I/O 流，用于在命令行上的进程之间发送数据）。

父进程写入的第一个对象是**准备数据**对象。该对象是一个字典，包含了父进程的一些信息，比如执行目录、启动方法、任何特殊的命令行参数和 sys.path。

通过下面的例子能看到运行 multiprocessing.spawn.get_preparation_data(name) 的结果：

```
>>> import multiprocessing.spawn
>>> import pprint
>>> pprint.pprint(multiprocessing.spawn.get_preparation_data("example"))
{'authkey': b'\x90\xaa_\x22[\x18\ri\xbcag]\x93\xfe\xf5\xe5@[wJ\x99p#\x00'
           b'\xce\xd4)1j.\xc3c',
 'dir': '/Users/anthonyshaw',
 'log_to_stderr': False,
 'name': 'example',
 'orig_dir': '/Users/anthonyshaw',
 'start_method': 'spawn',
 'sys_argv': [''],
 'sys_path': [
    '/Users/anthonyshaw',
    ]}
```

第二个写入的对象是 BaseProcess 子类实例。序列化 BaseProcess 的哪个子类取决于调用 multiprocessing 的方式以及使用的操作系统。

通过 pickle 模块序列化后，准备数据和进程对象会从父进程写入管道流，如图 10-5 所示。

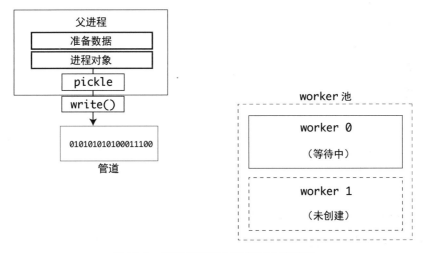

图 10-5　父进程把两个对象写入管道流

3. 执行子进程

子进程的入口函数 `multiprocessing.spawn.spawn_main()` 的参数包括 `pipe_handle`、用于 Windows 系统的 `parent_pid` 以及用于 POSIX 系统的 `tracked_fd`:

```
def spawn_main(pipe_handle, parent_pid=None, tracker_fd=None):
    '''
    接收管道传送的数据并运行特定的代码
    '''
    assert is_forking(sys.argv), "Not forking"
```

对于 Windows 系统，该函数将调用父进程的 OpenProcess API。这将用于创建连接父进程的管道的文件句柄 `fd`:

```
if sys.platform == 'win32':
    import msvcrt
    import _winapi

    if parent_pid is not None:
        source_process = _winapi.OpenProcess(
            _winapi.SYNCHRONIZE | _winapi.PROCESS_DUP_HANDLE,
            False, parent_pid)
    else:
        source_process = None
    new_handle = reduction.duplicate(pipe_handle,
                                     source_process=source_process)
    fd = msvcrt.open_osfhandle(new_handle, os.O_RDONLY)
    parent_sentinel = source_process
```

对于 POSIX 系统，`pipe_handle` 会变成文件描述符 `fd`，并被复制为 `parent_sentinel` 的值:

```
else:
    from . import resource_tracker
    resource_tracker._resource_tracker._fd = tracker_fd
    fd = pipe_handle
    parent_sentinel = os.dup(pipe_handle)
```

接下来，使用连接父进程的管道文件句柄（`fd`）和父进程哨兵（`parent_sentinel`）来调用 `_main()`。`_main()` 的返回值将成为进程的退出代码，同时解释器将终止:

```
exitcode = _main(fd, parent_sentinel)
sys.exit(exitcode)
```

使用 `fd` 和 `parent_sentinel` 来调用 `_main()` 是为了检查父进程是否在执行子进程时退出。

`_main()` 可以反序列化管道文件句柄 `fd` 字节流上的二进制数据。反序列化会使用与父进程相同的 `pickle` 库，如图 10-6 所示。

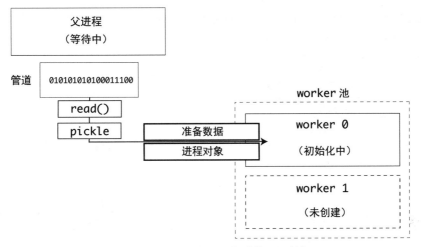

图 10-6　子进程接收从管道传递的数据

第一个值是包含准备数据的 dict。第二个值是 SpawnProcess 的实例，该实例之后会作为调用 _bootstrap() 的实例：

```
def _main(fd, parent_sentinel):
    with os.fdopen(fd, 'rb', closefd=True) as from_parent:
        process.current_process()._inheriting = True
        try:
            preparation_data = reduction.pickle.load(from_parent)
            prepare(preparation_data)
            self = reduction.pickle.load(from_parent)
        finally:
            del process.current_process()._inheriting
    return self._bootstrap(parent_sentinel)
```

_bootstrap() 会处理来自反序列化数据的 BaseProcess 实例的实例化，然后使用参数和关键字参数调用目标函数。最后的任务由 BaseProcess.run() 完成：

```
def run(self):
    '''
    在子进程中运行的方法,该方法可以在子类中被覆盖
    '''
    if self._target:
        self._target(*self._args, **self._kwargs)
```

设置 self._bootstrap() 的退出码为 _main() 的退出码，子进程将终止。

该进程允许父进程序列化模块和可执行函数。它还允许子进程反序列化该实例，执行带参数的函数，然后返回。

一旦子进程被启动，它就不允许交换数据了。此任务是使用 Queue 对象和 Pipe 对象的扩展来完成的。

如果在池中创建进程，那么第一个进程就会准备就绪并处于等待状态。父进程会重复该过程并将数据发送给下一个 worker，如图 10-7 所示。

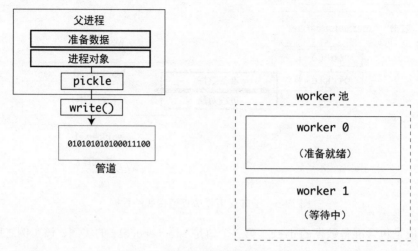

图 10-7　准备就绪和等待中的 worker

下一个 worker 会接收数据并初始化其状态，然后再运行目标函数，如图 10-8 所示。

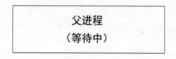

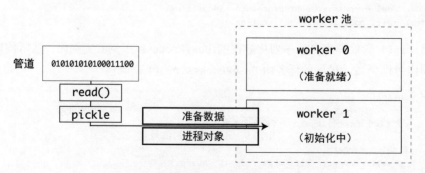

图 10-8　初始化下一个等待中的 worker

要共享初始化之外的任何数据，就必须使用队列和管道。

10.3.6　使用队列和管道交换数据

在 10.3.5 节中，我们看到了如何生成子进程，并通过管道传递序列化流的方式告诉子进程使用参数调用哪个函数。

根据任务的性质，进程之间有两种通信类型：**队列**和**管道**。在介绍二者之前，我们先快速了解一下操作系统如何使用**信号量**来保护资源的访问。

1. 信号量

多进程中的许多机制会使用信号量作为资源已锁定、正在等待或未使用的信号通知方式。操作系统会使用二元信号量作为一种简单的变量类型来锁定文件、套接字等资源。

如果一个进程正在写入文件或网络套接字，那么我们当然不希望另一个进程突然开始写入同一个文件，因为这样会导致数据立即被损坏。

为了防止这种情况发生，操作系统通过使用信号量来锁定资源。进程还可以发出信号，表示它们正在等待该锁被释放，这样当锁被释放时，进程会收到一条锁定资源已释放的消息，然后便可以开始使用该资源了。

在现实世界中，信号量是一种使用标志来传输消息的信号方法。我们可以把表示资源的等待状态、锁定状态和未使用状态的信号量信号想象成图 10-9 所示的样子。

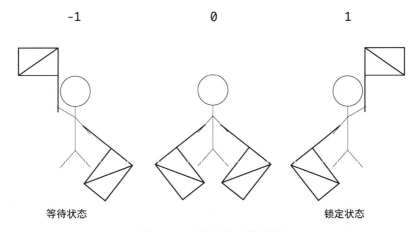

图 10-9　不同状态的信号量

不同操作系统的信号量 API 不同，因此就有了一个表示信号量的抽象类，即 `multiprocessing.synchronize.Semaphore`。

信号量通常会被 CPython 用于多进程，因为它们既是线程安全的，又是进程安全的。操作系统可以处理读取或写入同一信号量的任何潜在死锁。

这些信号量 API 函数的实现位于 C 语言扩展模块 Modules ▶ _multiprocessing ▶ semaphore.c 中。这个扩展模块提供了用于创建、锁定和释放信号量以及其他操作的单一方法。

对操作系统的调用是通过一系列宏进行的，这些宏根据不同的操作系统平台会被编译成不同的实现。

对于 Windows 系统，信号量相关的宏将使用 <winbase.h> 中的 API 函数：

```
#define SEM_CREATE(name, val, max) CreateSemaphore(NULL, val, max, NULL)
#define SEM_CLOSE(sem) (CloseHandle(sem) ? 0 : -1)
#define SEM_GETVALUE(sem, pval) _GetSemaphoreValue(sem, pval)
#define SEM_UNLINK(name) 0
```

对于 POSIX 系统，信号量相关的宏将使用 <semaphore.h> 中的 API 函数。

```
#define SEM_CREATE(name, val, max) sem_open(name, O_CREAT | O_EXCL, 0600,...
#define SEM_CLOSE(sem) sem_close(sem)
#define SEM_GETVALUE(sem, pval) sem_getvalue(sem, pval)
#define SEM_UNLINK(name) sem_unlink(name)
```

2. 队列

队列是在多个进程间发送、接收小数据的好方法。

可以调整前面介绍过的多进程示例以使用 multiprocessing Manager() 实例并创建两个队列。

(1) inputs 用来保存华氏度输入值。

(2) outputs 用来保存生成的摄氏度值。

将池大小更改为 2 以获得两个 worker：

cpython-book-samples ▸ 33 ▸ pool_queue_celsius.py

```python
import multiprocessing as mp

def to_celsius(input: mp.Queue, output: mp.Queue):
    f = input.get()
    # 耗时的任务……
    c = (f - 32) * (5/9)
    output.put(c)

if __name__ == '__main__':
    mp.set_start_method('spawn')
    pool_manager = mp.Manager()
    with mp.Pool(2) as pool:
        inputs = pool_manager.Queue()
        outputs = pool_manager.Queue()
        input_values = list(range(110, 150, 10))
        for i in input_values:
            inputs.put(i)
            pool.apply(to_celsius, (inputs, outputs))

        for f in input_values:
            print(outputs.get(block=False))
```

这将打印存储在 outputs 队列中的返回值：

```
$ python pool_queue_celsius.py
43.333333333333336
48.88888888888889
54.44444444444445
60.0
```

父进程会先将输入值放入 inputs 队列。然后第一个 worker 会从队列中取出一个元素。每次使用 .get() 从队列中取出一个元素时，都会在队列对象上使用信号量锁，如图 10-10 所示。

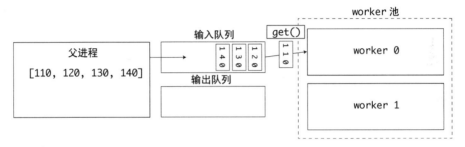

图 10-10　通过队列传递数据

当第一个 worker 忙碌时，第二个 worker 会从队列中获取另一个值，如图 10-11 所示。

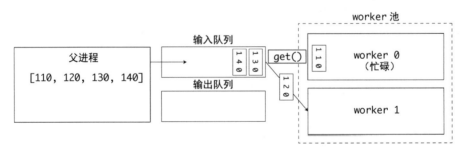

图 10-11　第二个 worker 从输入队列中获取数据

第一个 worker 已完成计算并将结果值放入输出队列，如图 10-12 所示。

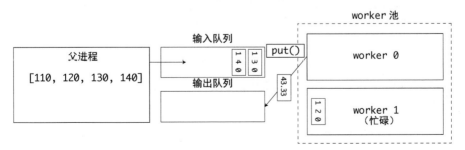

图 10-12　第一个 worker 将结果值放入输出队列

使用两个队列来分隔输入值和输出值。最终，所有输入值都已处理，并且输出队列已满。父进程会打印这些值，如图 10-13 所示。

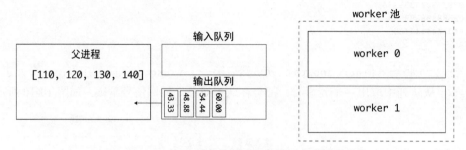

图 10-13　所有输入值在处理后会被放入输出队列

这个例子展示了一个 worker 池如何接收由小的离散值组成的队列，并对其进行并行处理，以将结果数据发送回父进程。

在实践中，将摄氏度转换为华氏度是一个不适合并行执行的小而琐碎的计算。如果 worker 进程正在执行 CPU 密集型计算，那么通过多进程并行的方式能在多 CPU 或多核计算机上取得显著的性能提升。

在处理流式数据（而不是离散队列）时，可以使用管道。

3. 管道

在 multiprocessing 包中，有一个 Pipe 类型。实例化管道会返回两个连接，一个是父连接，一个是子连接。两者都可以发送数据和接收数据，如图 10-14 所示。

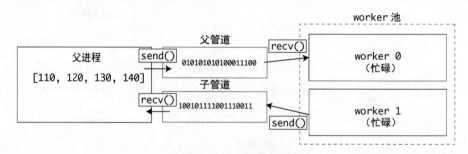

图 10-14　实例化管道

在队列的示例中，发送数据和接收数据时会在队列上隐式放置一个锁。而管道没有这种行为，因此我们必须小心，不要让两个进程尝试在同一时间写入同一个管道。

要使最后一个示例适用于管道，就要将 pool.apply() 更改为 pool.apply_async()。这样下一个进程的执行就会更改为非阻塞操作：

cpython-book-samples ▶ 33 ▶ pool_pipe_celsius.py

```python
import multiprocessing as mp

def to_celsius(child_pipe: mp.Pipe):
    f = child_pipe.recv()
    # 耗时的任务……
    c = (f - 32) * (5/9)
    child_pipe.send(c)


if __name__ == '__main__':
    mp.set_start_method('spawn')
    pool_manager = mp.Manager()
    with mp.Pool(2) as pool:
        parent_pipe, child_pipe = mp.Pipe()
        results = []
        for input in range(110, 150, 10):
            parent_pipe.send(input)
            results.append(pool.apply_async(to_celsius, args=(child_pipe,)))
            print("Got {0}:".format(parent_pipe.recv()))
        parent_pipe.close()
        child_pipe.close()
```

下面这行代码中存在两个或多个进程尝试同时从父管道进行读取的风险：

```python
    f = child_pipe.recv()
```

下面这行代码中则存在两个或多个进程试图同时写入子管道的风险：

```python
    child_pipe.send(c)
```

如果发生这种情况，那么数据就会在接收或发送操作中损坏，如图 10-15 所示。

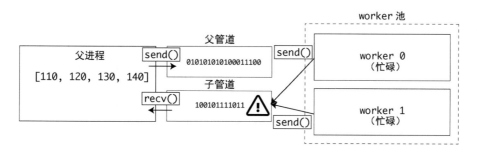

图 10-15　两个进程试图同时向管道写入数据

可以利用信号量锁来避免这种情况。所有子进程在读取或写入同一个管道之前都会检查该锁。

这里将需要两把锁，一把用于父管道的接收端，另一把用于子管道的发送端：

cpython-book-samples ▶ 33 ▶ pool_pipe_locks_celsius.py

```python
import multiprocessing as mp
def to_celsius(child_pipe: mp.Pipe, child_lock: mp.Lock):
    child_lock.acquire(blocking=False)
    try:
        f = child_pipe.recv()
    finally:
        child_lock.release()
    # 耗时的任务……任务开始前将锁释放
    c = (f - 32) * (5/9)
    # 任务完成后重新请求锁
    child_lock.acquire(blocking=False)
    try:
        child_pipe.send(c)
    finally:
        child_lock.release()

if __name__ == '__main__':
    mp.set_start_method('spawn')
    pool_manager = mp.Manager()
    with mp.Pool(2) as pool:
        parent_pipe, child_pipe = mp.Pipe()
        child_lock = pool_manager.Lock()
        results = []
        for i in range(110, 150, 10):
            parent_pipe.send(i)
            results.append(pool.apply_async(
                to_celsius, args=(child_pipe, child_lock)))
            print(parent_pipe.recv())
        parent_pipe.close()
        child_pipe.close()
```

现在 worker 进程将在接收数据前等待获取一把锁，并在发送数据前等待获取另一把锁，如图 10-16 所示。

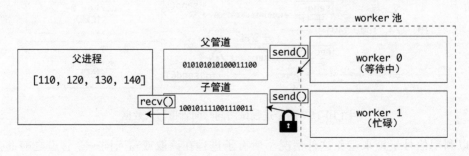

图 10-16　加锁以避免冲突

这个示例适用于通过管道传输的数据非常大的情况，因为发生冲突的可能性较高。

10.3.7 进程之间的共享状态

到目前为止，我们已经了解了如何在子进程和父进程之间共享数据。

在某些情况下，你可能想在子进程之间共享数据。针对这种情况，multiprocessing 包提供了两种解决方案。

(1) 一种是使用共享内存映射和共享 C 语言类型的高性能共享内存 API；

(2) 一种是通过 Manager 类支持复杂类型的灵活的服务器进程 API。

10.3.8 示例应用程序

作为一个演示应用程序，在本章剩余的内容中我们将为不同的并发技术和并行技术重构 TCP 端口扫描器。

通过网络，可以在编号从 1 到 65535 的端口上联系主机。公共服务具有标准端口。例如，HTTP 在端口 80 上运行，HTTPS 在端口 443 上运行。TCP 端口扫描器是一种常见的网络测试工具，用于检查数据包是否可以通过网络发送。

下面的示例代码中使用了 Queue 接口，这是一种线程安全的队列实现，类似于我们在多进程示例中使用的实现。这段代码还使用 socket 包尝试连接到了远程端口，其超时阈值为 1 秒。

check_port() 将查看主机对于给定的端口是否有响应。如果有响应，那么 check_port() 就会将端口号添加到 results 队列中。

执行脚本时，将依次为端口号 80 到 100 调用 check_port()。完成后，清空 results 队列，并将结果打印在命令行上。程序会在最后打印执行时间，你可以比较一下不同实现所带来的结果上的差异：

cpython-book-samples ▶ 33 ▶ portscanner.py

```python
from queue import Queue
import socket
import time
timeout = 1.0

def check_port(host: str, port: int, results: Queue):
    sock = socket.socket(socket.AF_INET, socket.SOCK_STREAM)
    sock.settimeout(timeout)
    result = sock.connect_ex((host, port))
    if result == 0:
        results.put(port)
    sock.close()

if __name__ == '__main__':
```

```
    start = time.time()
    host = "localhost" # 替换为自己的主机
    results = Queue()
    for port in range(80, 100):
        check_port(host, port, results)
    while not results.empty():
        print("Port {0} is open".format(results.get()))
    print("Completed scan in {0} seconds".format(time.time() - start))
```

执行此示例代码将会打印开放的端口和花费的时间：

```
$ python portscanner.py
Port 80 is open
Completed scan in 19.623435020446777 seconds
```

可以重构此示例以使用多进程。将 Queue 接口替换为 multiprocessing.Queue，并使用池执行器一起扫描端口：

cpython-book-samples ▶ 33 ▶ portscanner_mp_queue.py

```
import multiprocessing as mp
import time
import socket

timeout = 1

def check_port(host: str, port: int, results: mp.Queue):
    sock = socket.socket(socket.AF_INET, socket.SOCK_STREAM)
    sock.settimeout(timeout)
    result = sock.connect_ex((host, port))
    if result == 0:
        results.put(port)
    sock.close()

if __name__ == '__main__':
    start = time.time()
    processes = []
    scan_range = range(80, 100)
    host = "localhost" # 替换为自己的主机
    mp.set_start_method('spawn')
    pool_manager = mp.Manager()
    with mp.Pool(len(scan_range)) as pool:
        outputs = pool_manager.Queue()
        for port in scan_range:
            processes.append(pool.apply_async(check_port,
                                              (host, port, outputs)))
        for process in processes:
            process.get()
        while not outputs.empty():
            print("Port {0} is open".format(outputs.get()))
        print("Completed scan in {0} seconds".format(time.time() - start))
```

不出所料，此应用程序要快得多，因为它会并行测试每一个端口。

```
$ python portscanner_mp_queue.py
Port 80 is open
Completed scan in 1.556523084640503 seconds
```

10.3.9　多进程总结

`multiprocessing` 包为 Python 提供了可扩展的并行执行 API。数据可以在进程之间共享，CPU 密集型工作可以分解为并行任务以利用多核或多 CPU 计算机。

当要完成的任务是 I/O 密集型而不是 CPU 密集型时，多进程并不是合适的解决方案。如果生成 4 个 worker 进程来读取和写入相同的文件，那么一个 worker 进程将完成所有工作，其他 3 个则会等待锁被释放。

多进程也不适合短期任务，因为启动新的 Python 解释器需要时间和处理开销。

在这两种情况下，你会发现接下来的一种方法更合适。

10.4　多线程

CPython 提供了用于从 Python 创建、生成和控制线程的高层次 API 和低层次 API。

要了解 Python 线程，首先应该了解操作系统线程是如何工作的。CPython 中有两种线程实现。

(1) **pthreads**：Linux 系统和 macOS 系统的 POSIX 线程。
(2) **nt 线程**：Windows 系统的 NT 线程。

在 10.2 节中，我们看到了进程具有以下特征：

❏ 用于子程序的**栈**；
❏ 用于**堆**内存；
❏ 用于操作系统上**文件**、**锁**和**套接字**的访问途径。

扩展单个进程的最大限制是操作系统有一个用于该可执行文件的**程序计数器**。

为了解决这个问题，现代操作系统允许进程向操作系统发出信号，将它们分别加载到多个线程中执行。

每个线程都有自己的程序计数器，但使用的是与宿主进程相同的资源。每个线程也都有自己的调用栈，所以可以执行不同的函数。

由于多个线程可以读写同一个内存空间，因此就有可能发生冲突。解决这个问题需要保证**线程安全**，这涉及确保内存空间在访问之前被单个线程锁定。

具有 3 个线程的单个进程的结构如图 10-17 所示。

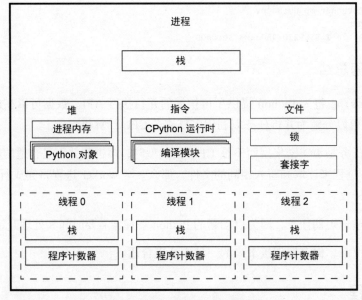

图 10-17 包含 3 个线程的进程

参阅

有关 Python 线程 API 的介绍性教程，请查看 *Real Python* 的 "Intro to Python Threading"。

10.4.1 全局解释器锁

如果你熟悉 C 语言中的 NT 线程或 POSIX 线程，或者如果你使用过其他高级语言，那么你可能希望多线程是并行的。

在 CPython 中，虽然线程基于 C 语言 API，但它们是 Python 线程。这意味着每个 Python 线程都需要通过求值循环来执行 Python 字节码。

Python 求值循环并不是线程安全的。解释器状态有很多部分（如垃圾回收器）是共享的和全局的。为了解决这个问题，CPython 开发人员实现了一个称为**全局解释器锁**（GIL）的超级锁。在栈帧求值循环中执行任何操作码之前，线程都需要获取 GIL。一旦操作码被执行，GIL 就会被释放。

虽然可以为 Python 中的每个操作提供全局线程安全，但这种方法有一个主要缺点。任何需要很长执行时间的操作都会让其他线程等待 GIL 释放后才能执行。这意味着在任何给定时间都只有一个线程可以执行 Python 字节码操作。

要获取 GIL，就需要调用 `take_gil()`；要释放 GIL，则需要调用 `drop_gil()`。GIL 的获取是在核心栈帧求值循环 `_PyEval_EvalFrameDefault()` 中进行的。

为了阻止单栈帧执行永久持有 GIL，求值循环状态会存储一个标志，即 **gil_drop_request**。在栈帧中，当每个字节码操作完成后，检查此标志，并在重新获取之前临时释放 GIL：

```
if (_Py_atomic_load_relaxed(&ceval->gil_drop_request)) {
    /* 给其他线程获取 GIL 的机会 */
    if (_PyThreadState_Swap(&runtime->gilstate, NULL) != tstate) {
        Py_FatalError("ceval: tstate mix-up");
    }
    drop_gil(ceval, tstate);

    /* 其他线程现在可以运行了 */

    take_gil(ceval, tstate);

    /* 检查是否需要快速退出 */
    exit_thread_if_finalizing(tstate);

    if (_PyThreadState_Swap(&runtime->gilstate, tstate) != NULL) {
        Py_FatalError("ceval: orphan tstate");
    }
}
...
```

尽管 GIL 对并行执行施加了限制，但它使 Python 中的多线程非常安全且非常适合并发运行 I/O 密集型任务。

10.4.2　相关源文件

表 10-3 展示了与 threading 相关的源文件。

表 10-3　与 threading 相关的源文件及其用途

文　件	用　途
Include ▶ pythread.h	PyThread 的 API 和定义
Lib ▶ threading.py	高层次线程 API 和标准库模块
Modules ▶ _threadmodule.c	低层次线程 API 和标准库模块
Python ▶ thread.c	thread 模块的 C 语言扩展
Python ▶ thread_nt.h	Windows 线程 API
Python ▶ thread_pthread.h	POSIX 线程 API
Python ▶ ceval_gil.h	GIL 锁实现

10.4.3　在 Python 中启动线程

为了演示使用多线程代码（尽管有 GIL）的性能提升，可以使用 Python 实现一个简单的网络端口扫描器。

这里我们将基于之前的脚本，但会把逻辑改为使用 threading.Thread() 为每个端口生成一个线程。与 multiprocessing 的 API 类似，它需要一个可调用的 target 和一个 args 元组。

在循环内部启动线程，但不要等待它们完成，而是将线程实例添加到 threads 列表中：

```python
for port in range(80, 100):
    t = Thread(target=check_port, args=(host, port, results))
    t.start()
    threads.append(t)
```

一旦创建了所有线程，就可以遍历 threads 列表并调用 .join() 来等待它们完成：

```python
for t in threads:
    t.join()
```

接下来，遍历 results 队列中的所有条目并将它们打印到屏幕上：

```python
while not results.empty():
    print("Port {0} is open".format(results.get()))
```

以下是整个脚本：

cpython-book-samples ▶ 33 ▶ portscanner_threads.py

```python
from threading import Thread
from queue import Queue
import socket
import time

timeout = 1.0

def check_port(host: str, port: int, results: Queue):
    sock = socket.socket(socket.AF_INET, socket.SOCK_STREAM)
    sock.settimeout(timeout)
    result = sock.connect_ex((host, port))
    if result == 0:
        results.put(port)
    sock.close()

def main():
    start = time.time()
    host = "localhost" # 替换为自己的主机
    threads = []
    results = Queue()
    for port in range(80, 100):
        t = Thread(target=check_port, args=(host, port, results))
        t.start()
        threads.append(t)
    for t in threads:
        t.join()
    while not results.empty():
        print("Port {0} is open".format(results.get()))
    print("Completed scan in {0} seconds".format(time.time() - start))

if __name__ == '__main__':
    main()
```

当你在命令行上调用这个线程脚本时，它的执行速度将是单线程示例的 10 倍以上：

```
$ python portscanner_threads.py
Port 80 is open
Completed scan in 1.0101029872894287 seconds
```

这也比多进程示例快 50%～60%。请记住，多进程在启动新进程时有开销。线程确实也有开销，但与多进程相比，其开销要小得多。

你可能会有疑问，如果 GIL 意味着一次只能执行一个操作，那为什么多线程示例更快？

下面是耗时 1~1000 毫秒的语句：

```
result = sock.connect_ex((host, port))
```

在 C 语言扩展模块 Modules ▶ socketmodule.c 中，这个函数实现了连接：

Modules ▶ socketmodule.c 的第 3245 行

```
static int
internal_connect(PySocketSockObject *s, struct sockaddr *addr, int addrlen,
                 int raise)
{
    int res, err, wait_connect;

    Py_BEGIN_ALLOW_THREADS
    res = connect(s->sock_fd, addr, addrlen);
    Py_END_ALLOW_THREADS
```

系统调用 connect() 前后分别用到了 Py_BEGIN_ALLOW_THREADS 宏和 Py_END_ALLOW_THREADS 宏。这两个宏在 Include ▶ ceval.h 中定义如下：

```
#define Py_BEGIN_ALLOW_THREADS { \
                        PyThreadState *_save; \
                        _save = PyEval_SaveThread();
#define Py_BLOCK_THREADS        PyEval_RestoreThread(_save);
#define Py_UNBLOCK_THREADS      _save = PyEval_SaveThread();
#define Py_END_ALLOW_THREADS    PyEval_RestoreThread(_save); \
                 }
```

因此，当 Py_BEGIN_ALLOW_THREADS 被调用时，它会调用 PyEval_SaveThread()，后者会将线程状态更改为 NULL 并**释放** GIL：

Python ▶ ccval.c 的第 444 行

```
PyThreadState *
PyEval_SaveThread(void)
{
    PyThreadState *tstate = PyThreadState_Swap(NULL);
    if (tstate == NULL)
        Py_FatalError("PyEval_SaveThread: NULL tstate");
    assert(gil_created());
```

```
    drop_gil(tstate);
    return tstate;
}
```

由于 GIL 被释放了，因此其他任何正在执行的线程都可以尝试获取 GIL 并继续执行。该线程将“坐下来”等待系统调用响应，而不会阻塞求值循环。

一旦 connect() 成功或超时，Py_END_ALLOW_THREADS 宏就会以原始线程状态作为参数调用 PyEval_RestoreThread()。可以恢复线程状态并重新获取 GIL。对 take_gil() 的调用是一个阻塞调用，其将等待信号量：

Python ▶ ceval.c 的第 458 行

```
void
PyEval_RestoreThread(PyThreadState *tstate)
{
    if (tstate == NULL)
        Py_FatalError("PyEval_RestoreThread: NULL tstate");
    assert(gil_created());

    int err = errno;
    take_gil(tstate);
    /* _Py_Finalizing 由 GIL 保护 */
    if (_Py_IsFinalizing() && !_Py_CURRENTLY_FINALIZING(tstate)) {
        drop_gil(tstate);
        PyThread_exit_thread();
        Py_UNREACHABLE();
    }
    errno = err;

    PyThreadState_Swap(tstate);
}
```

这并不是唯一一个被非 GIL 阻塞对 Py_BEGIN_ALLOW_THREADS 和 Py_END_ALLOW_THREADS 包裹的系统调用。标准库中有 300 多处使用了非 GIL 阻塞对，包括：

❏ 发出 HTTP 请求；
❏ 与本地硬件交互；
❏ 加密数据；
❏ 读写文件。

10.4.4 线程状态

CPython 提供了自己的线程管理实现。因为线程需要在求值循环中执行 Python 字节码，所以在 CPython 中运行一个线程并不像生成一个操作系统线程那么简单。

Python 线程被称为 PyThread。第 8 章中简要介绍过它们。

Python 线程可以执行代码对象，它是由解释器生成的。

让我们一起回顾一下：

- □ CPython 有一个运行时，该运行时有自己的**运行时状态**；
- □ CPython 可以有一个或多个解释器；
- □ 解释器有一个称为**解释器状态**的状态；
- □ 解释器将获取一个**代码对象**并将其转换为一系列帧对象；
- □ 一个解释器至少有一个**线程**，每个线程都有一个线程状态；
- □ 帧对象在称为**帧栈**的栈中执行；
- □ CPython 可以引用**值栈**中的变量；
- □ **解释器状态**包括其线程的链表。

单线程、单解释器运行时所具有的状态如图 10-18 所示。

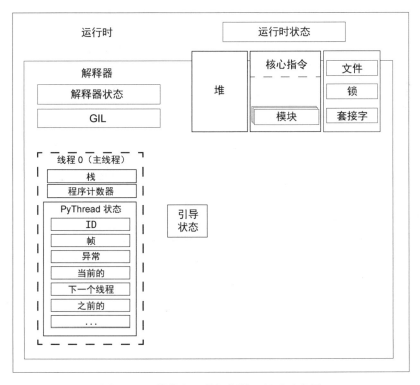

图 10-18 单线程、单解释器运行时示意图

线程状态类型 PyThreadState 具有 30 多个属性，包括：

- 唯一的标识符；
- 链接其他线程状态的链表；
- 产生该线程的解释器的状态；
- 当前正在执行的帧；
- 当前递归深度；
- 可选的追踪函数；
- 当前正在处理的异常；
- 当前正在处理的任何异步异常；
- 引发的异常栈；
- GIL 计数器；
- 异步生成器计数器。

与多进程**准备数据**一样，线程具有引导状态。但是线程共享相同的内存空间，因此无须序列化数据并通过文件流发送。

线程使用 threading.Thread 类型进行实例化。这是一个抽象 PyThread 类型的高级模块。PyThread 实例由 C 语言扩展模块 _thread 管理。

thread_PyThread_start_new_thread() 是 _thread 模块执行新线程的入口点。start_new_thread() 是 Thread 类型实例上的方法。

新线程将按以下顺序被实例化。

(1) 创建 bootstate，链接到 target 且带有参数 args 和 kwargs。

(2) 将 bootstate 链接到解释器状态。

(3) 创建一个新的 PyThreadState，链接到当前的解释器。

(4) 如果尚未启用 GIL，那么就调用 PyEval_InitThreads()。

(5) 基于不同操作系统上有特定实现的 PyThread_start_new_thread 启动新线程，如图 10-19 所示。

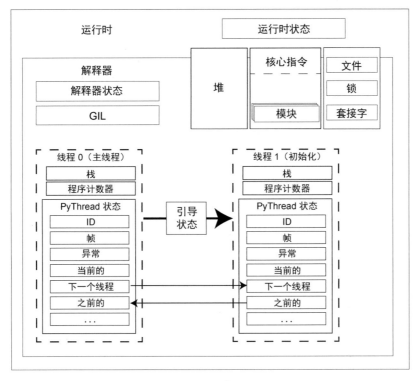

图 10-19 创建新线程

表 10-4 展示了线程 bootstate 具有的属性。

表 10-4 线程 bootstate 具有的属性

字 段	类 型	用 途
interp	PyInterpreterState *	链接到管理此线程的解释器
func	PyObject * (callable)	链接到在运行线程时要执行的可调用对象
args	PyObject * (tuple)	调用 func 的参数
keyw	PyObject * (dict)	调用 func 的关键字参数
tstate	PyThreadState *	新线程的线程状态

基于线程 bootstate，PyThread 的实现有以下两种。

(1) 适用于 Linux 系统和 macOS 系统的 POSIX 线程。

(2) 适用于 Windows 系统的 NT 线程。

这两个实现都会创建操作系统线程，设置其属性，然后在新线程中执行回调函数 t_bootstrap()。

使用单个参数 boot_raw 调用此函数，然后赋值给在 thread_PyThread_start_new_thread()

中构造的 bootstate。

t_bootstrap() 函数是低层次线程和 Python 运行时之间的接口。引导程序将初始化线程，然后会使用 PyObject_Call() 执行可调用的 target。

执行完可调用目标后，线程将退出，如图 10-20 所示。

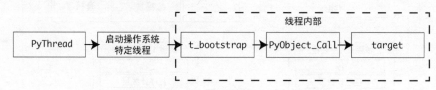

图 10-20   Python 线程创建、执行及退出

10.4.5   POSIX 线程

名为 pthreads 的 POSIX 线程在 Python ▶ thread_pthread.h 中有一个实现。此实现提取了 <pthread.h> C 语言 API，并进行了一些额外的保护和优化。

线程可以配置栈的大小。Python 有自己的栈帧结构，正如第 8 章中所探讨的那样。如果存在导致递归循环的问题，并且帧执行达到深度限制，那么 Python 就会引发 RecursionError，你可以在 Python 代码中使用 try...except 块来处理该错误。

因为 pthreads 有自己的栈大小，所以 Python 的最大深度和 pthread 的栈大小可能会发生冲突。如果线程栈的大小小于 Python 中的最大帧深度，那么整个 Python 进程就会在引发 RecursionError 之前崩溃。

Python 中的最大深度可以在运行时使用 sys.setrecursionlimit() 进行配置。为避免崩溃，CPython 的 pthread 实现会将栈大小设置为解释器状态的 pythread_stacksize 值。

大多数现代 POSIX 兼容的操作系统支持 pthreads 的系统调度。如果在 pyconfig.h 中定义了 PTHREAD_SYSTEM_SCHED_SUPPORTED，那么 pthread 就会被设置为 PTHREAD_SCOPE_SYSTEM，这意味着操作系统调度程序上线程的优先级由系统上的其他线程而不仅仅是 Python 进程中的那些决定。

配置完线程属性后，我们将使用 pthread_create() API 创建线程。这将从新线程内部运行引导函数。

最后，线程句柄 pthread_t 会被转换为 unsigned long，并将返回值作为线程 ID。

10.4.6   Windows 线程

在 Python ▶ thread_nt.h 中实现的 Windows 线程遵循与 POSIX 线程类似但更简单的模式。

新线程的栈大小会被配置为解释器 `pythread_stacksize` 值（如果已设置的话）。然后使用 `_beginthreadex()` Windows API 创建线程，使用引导函数作为回调。最后返回线程 ID。

10.4.7　多线程总结

本书并不是关于 Python 线程的详尽教程。Python 的线程实现非常广泛，并且提供了许多机制以在线程之间共享数据、锁定对象和资源。

当 Python 应用程序受 I/O 限制时，线程是提高 Python 应用程序运行时间的一种非常有效的方法。我们了解了 GIL 是什么、它存在的原因以及标准库的哪些部分可能不受其约束。

10.5　异步编程

有许多无须使用线程或多进程即可完成并发编程的方法，这些方法已被添加到 Python 中，但其特性也在不断扩展，因此经常会被更好的替代品所取代。

对于本书的目标版本 Python 3.9，不推荐使用 @coroutine 装饰器。

以下特性仍然可用：

- 使用 `async` 关键字创建 futures；
- 使用 `yield from` 关键字运行协程。

10.6　生成器

Python 生成器是返回 `yield` 语句的函数，其可以不断被调用以生成更多值。

生成器通常会使用一种更节省内存的方式来循环遍历人数据块（如文件、数据库或网络）中的值。当使用 `yield` 而不是 `return` 时，将返回生成器对象来代替值。生成器对象是从 `yield` 语句创建的，并会返回给调用者。

下面这个简单的生成器函数将生成字母 a ~ z：

cpython-book-samples ▶ 33 ▶ letter_generator.py

```python
def letters():
    i = 97 # 字母 'a' 的 ASCII 值
    end = 97 + 26 # 字母 'z' 的 ASCII 值
    while i < end:
        yield chr(i)
        i += 1
```

当你调用 `letters()` 时，它不会返回值，而是返回一个生成器对象：

```
>>> from letter_generator import letters
>>> letters()
<generator object letters at 0x1004d39b0>
```

for 语句的语法内置了一种能力——迭代生成器对象直到它停止生成值：

```
>>> for letter in letters():
...     print(letter)
a
b
c
d
...
```

此实现使用了迭代器协议。具有 __next__() 方法的对象可以通过 for 循环和 while 循环，或使用内置的 next() 进行循环。

Python 中的所有容器类型（如列表、集合和元组）都实现了迭代器协议。生成器的特殊之处在于，其 __next__() 方法的实现会从它的上一个状态重新调用生成器函数。

生成器不会在后台执行，因为它们被暂停了。当你请求另一个值时，它们就会恢复执行。生成器对象结构中的帧对象与上一个 yield 语句中的一样。

10.6.1 生成器结构

生成器对象由模板宏 _PyGenObject_HEAD(prefix) 创建。

以下类型和前缀会使用这个宏。

❑ 生成器对象：PyGenObject (gi_)。

❑ 协程对象：PyCoroObject (cr_)。

❑ 异步生成器对象：PyAsyncGenObject (ag_)。

本章在后面会介绍协程对象和异步生成器对象。

表 10-5 展示了 PyGenObject 类型的基本属性。

表 10-5   PyGenObject 类型的基本属性

字　段	类　型	用　途
[x]_code	PyObject * (PyCodeObject*)	生成生成器的编译函数
[x]_exc_state	_PyErr_StackItem	生成器调用引发异常时的异常数据
[x]_frame	PyFrameObject*	生成器的当前帧对象
[x]_name	PyObject * (str)	生成器名称
[x]_qualname	PyObject * (str)	生成器限定名称

（续）

字　　段	类　　型	用　　途
[x]_running	char	如果生成器当前正在运行，就设置为 0，否则设置为 1
[x]_weakreflist	PyObject * (list)	生成器函数内部对象的弱引用列表

除了基本属性，`PyCoroObject` 类型还具有其他属性，如表 10-6 所示。

表 10-6　PyCoroObjec 类型的其他属性

字　　段	类　　型	用　　途
cr_origin	PyObject * (tuple)	包含原始帧和调用者的元组

除了基本属性，`PyAsyncGenObject` 类型还具有其他属性，如表 10-7 所示。

表 10-7　PyAsyncGenObject 类型的其他属性

字　　段	类　　型	用　　途
ag_closed	int	标记生成器已关闭的标志
ag_finalizer	PyObject *	链接到终结器方法
ag_hooks_inited	int	标记钩子已经初始化的标志
ag_running_async	int	标记生成器正在运行的标志

10.6.2　相关源文件

表 10-8 展示了与生成器相关的源文件。

表 10-8　与生成器相关的源文件及其用途

文　　件	用　　途
Include ▶ genobject.h	生成器 API 和 PyGenObject 定义
Objects ▶ genobject.c	生成器对象实现

10.6.3　创建生成器

编译包含 yield 语句的函数时，生成的代码对象有一个额外的标志，即 CO_GENERATOR。

在 8.4 节中，我们探索过编译的代码对象在执行时如何转换为帧对象。在这个过程中，当代码对象是生成器、协程和异步生成器时，会有一些不同之处。

_PyEval_EvalCode() 会检查代码对象中的 CO_GENERATOR 标志、CO_COROUTINE 标志和 CO_ASYNC_GENERATOR 标志。如果找到这些标志中的任何一个，它将不会直接执行代码对象，而是分别使用 PyGen_NewWithQualName()、PyCoro_New() 或 PyAsyncGen_New() 创建一个帧，并将其变成相应的生成器、协程或异步生成器：

```
PyObject *
_PyEval_EvalCode(PyObject *_co, PyObject *globals, PyObject *locals, ...
...
    /* 处理生成器、协程和异步生成器 */
    if (co->co_flags & (CO_GENERATOR | CO_COROUTINE | CO_ASYNC_GENERATOR)) {
        PyObject *gen;
        PyObject *coro_wrapper = tstate->coroutine_wrapper;
        int is_coro = co->co_flags & CO_COROUTINE;
        ...
        /* 创建一个拥有可随时运行的帧的新生成器，并将其作为值返回 */
        if (is_coro) {
>>>         gen = PyCoro_New(f, name, qualname);
        } else if (co->co_flags & CO_ASYNC_GENERATOR) {
>>>         gen = PyAsyncGen_New(f, name, qualname);
        } else {
>>>         gen = PyGen_NewWithQualName(f, name, qualname);
        }
        ...
        return gen;
    }
...
```

PyGen_NewWithQualName() 可以获取帧并通过完成一些步骤来填充生成器对象字段。

(1) 将 gi_code 属性设置为编译后的代码对象。

(2) 将生成器设置为未运行（gi_running = 0）。

(3) 将异常和弱引用列表设置为 NULL。

通过导入 dis 模块并反汇编里面的字节码，你还可以看到 gi_code 是生成器函数编译后的代码对象：

```
>>> from letter_generator import letters
>>> gen = letters()
>>> import dis
>>> dis.disco(gen.gi_code)
  2           0 LOAD_CONST               1 (97)
              2 STORE_FAST               0 (i)
...
```

在第 8 章中，我们探索过帧对象类型。帧对象包含局部变量和全局变量、上一条执行的指令以及要执行的代码。

帧对象的内置行为和状态允许生成器按需暂停和恢复。

10.6.4　执行生成器

每当在生成器对象上调用 __next__() 时，生成器实例都会调用 gen_iternext()，然后它会立即调用 Objects ▶ genobject.c 中的 gen_send_ex()。

gen_send_ex() 是将生成器对象转换为下一个生成结果的函数。你会发现，这与从代码对象构造帧的方式有许多相似之处，因为这些函数具有相似的任务。

gen_send_ex() 适用于生成器、协程和异步生成器，调用该函数时会经历以下几个步骤。

(1) 获取当前线程状态。

(2) 从生成器对象中获取帧对象。

(3) 如果在调用 __next__() 时生成器正在运行，则会引发 ValueError。

(4) 如果生成器内部的帧在栈顶，则继续判断是协程、异步生成器还是标准生成器。

  ❏ 如果是协程，并且该协程尚未标记为关闭，那么就会引发 RuntimeError。

  ❏ 如果是异步生成器，那么就会引发 StopAsyncIteration。

  ❏ 如果是标准生成器，那么就会引发 StopIteration。

(5) 如果帧中的上一条指令（f->f_lasti）因为刚刚启动仍然是 -1，并且这是一个协程或异步生成器，那么除了 None 之外的任何值都不能作为参数传递，否则会引发异常。

(6) 或者，这是第一次调用，并且允许传递参数。参数的值被推送到帧的值栈中。

(7) 帧的 f_back 字段表示返回值被发送到的调用者，因此它被设置成了线程中的当前帧。这意味着返回值会被发送给调用者，而不是生成器的创建者。

(8) 生成器被标记为正在运行。

(9) 生成器异常信息中的最后一个异常是从线程状态中的最后一个异常复制而来的。

(10) 线程状态异常信息会被设置为生成器异常信息的地址。这意味着如果调用者在生成器的执行周围进入断点，那么栈跟踪将从生成器中通过并会清除违规代码。

(11) 生成器内部的帧在 Python ▶ ceval.c 主执行循环中执行，然后会将值返回。

(12) 线程状态最后一个异常信息会被重置为调用帧之前的值。

(13) 生成器被标记为未运行。

(14) 以下情况将匹配返回值以及调用生成器抛出的任何异常。请记住，生成器应该在耗尽时引发 StopIteration，无论是手动还是不生成值。

  ❏ 如果没有从帧返回结果，则会为生成器引发 StopIteration，并为异步生成器引发 StopAsyncIteration。

  ❏ 如果显式引发了 StopIteration，但这是一个协程或异步生成器，则会引发 RuntimeError，因为这是不允许的。

❑ 如果显式引发了 `StopAsyncIteration` 并且这是一个异步生成器，则会引发 `RuntimeError`，因为这是不允许的。

(15) 最后，将结果返回给 `__next__()` 的调用者。

将所有这些放在一起，可以看到生成器表达式是一种强大的语法，其中单个关键字 `yield` 可以触发整个流程以创建一个唯一的对象、将编译后的代码对象复制为一个属性、设置一个帧，并在本地作用域中存储变量列表。

10.7　协程

生成器有一个主要限制——只能为直接调用者生成值。

为克服此限制，Python 中添加了一个额外的语法，即 `yield from` 语句。使用此语法，我们可以将生成器重构为工具函数，然后直接 `yield from` 该工具函数。

例如，字母生成器可以重构为一个工具函数，其中起始字母是该函数的一个参数。使用 `yield from`，我们可以选择返回哪个生成器对象：

cpython-book-samples ▶ 33 ▶ letter_coroutines.py

```python
def gen_letters(start, x):
    i = start
    end = start + x
    while i < end:
        yield chr(i)
        i += 1

def letters(upper):
    if upper:
        yield from gen_letters(65, 26) # A~Z
    else:
        yield from gen_letters(97, 26) # a~z

for letter in letters(False):
    # 小写字母 a~z
    print(letter)

for letter in letters(True):
    # 大写字母A~Z
    print(letter)
```

生成器也非常适用于惰性序列，它们可以在其中被多次调用。

基于生成器能够暂停和恢复执行等行为，**协程**的概念在 Python 中经过了多轮 API 迭代。

生成器是协程的一种有限形式，因为我们可以使用 `.send()` 方法向它们发送数据。调用者和目标之间可以双向发送消息。协程还可以将调用者存储在 cr_origin 属性中。

协程最初是通过装饰器提供的，但后来被弃用了，取而代之的是使用关键字 async 和 await 的"原生"协程。

要标记一个函数会返回协程，必须在该函数前面加上 async 关键字。与生成器不同，async 关键字明确表示此函数会返回协程而不是值。

要创建协程，就要使用关键字 async def 定义一个函数。在此示例中，我们使用 asyncio.sleep() 函数添加了一个计时器并返回了字符串 wake up!：

```
>>> import asyncio
>>> async def sleepy_alarm(time):
...     await asyncio.sleep(time)
...     return "wake up!"
>>> alarm = sleepy_alarm(10)
>>> alarm
<coroutine object sleepy_alarm at 0x1041de340>
```

当你调用该函数时，它会返回一个协程对象。

有很多方法可以执行协程，最简单的方法是使用 asyncio.run(coro)。使用协程对象运行 asyncio.run()，10 秒后它会发出警报：

```
>>> asyncio.run(alarm)
'wake up'
```

协程的好处是你可以并发运行它们。因为协程对象是一个可以传递给函数的变量，所以这些对象可以链接在一起，或者按顺序创建。

如果你有 10 个不同时间间隔的警报并想同时启动它们，那么就可以将这些协程对象转换为任务。

任务 API 用于并发调度和执行多个协程。在安排任务之前，必须运行一个事件循环。事件循环的工作是调度并发任务，并将完成、取消、异常等事件与回调连接起来。

当你调用 asyncio.run()（在 Lib ▶ asyncio ▶ runners.py 中）时，该函数会执行以下任务。

(1) 开始一个新的事件循环。
(2) 将协程对象包装在任务中。
(3) 在任务完成时设置回调。
(4) 循环任务，直到完成。
(5) 返回结果。

10.7.1　相关源文件

表 10-9 是协程相关的源文件。

表 10-9　协程相关的源文件及其用途

文　　件	用　　途
Lib ▶ asyncio	asyncio 的 Python 标准库实现

10.7.2　事件循环

事件循环是将异步代码黏合在一起的黏合剂。事件循环是用纯 Python 语言编写的，是包含任务的对象。

循环中的任何任务都可以有回调。如果任务完成或失败，那么循环就会运行回调：

```
loop = asyncio.new_event_loop()
```

循环内部是一系列任务，由类型 asyncio.Task 表示。任务会被安排到一个循环中，一旦循环运行，它就会遍历所有任务，直到它们完成。

你可以将单个计时器转换为任务循环：

cpython-book-samples ▶ 33 ▶ sleepy_alarm.py

```python
import asyncio

async def sleepy_alarm(person, time):
    await asyncio.sleep(time)
    print(f"{person} -- wake up!")

async def wake_up_gang():
    tasks = [
        asyncio.create_task(sleepy_alarm("Bob", 3), name="wake up Bob"),
        asyncio.create_task(sleepy_alarm("Yudi", 4), name="wake up Yudi"),
        asyncio.create_task(sleepy_alarm("Doris", 2), name="wake up Doris"),
        asyncio.create_task(sleepy_alarm("Kim", 5), name="wake up Kim")
    ]
    await asyncio.gather(*tasks)

asyncio.run(wake_up_gang())
```

这将打印以下输出：

```
Doris -- wake up!
Bob -- wake up!
Yudi -- wake up!
Kim -- wake up!
```

　　事件循环将遍历每个协程以查看它们是否已完成。与 yield 关键字如何从同一帧返回多个值类似，await 关键字可以返回多个状态。

　　事件循环将一次又一次地执行 sleepy_alarm() 协程对象，直到 await asyncio.sleep() 生成一个已完成的结果并且 print() 能够执行。

　　为此，需要使用 asyncio.sleep() 而不是阻塞（也不是异步感知）的 time.sleep()。

10.7.3　示例

可以通过以下步骤将多线程端口扫描器示例转换为 asyncio：

- ❑ 将 check_port() 更改为使用来自 asyncio.open_connection() 的套接字进行连接，这会创建一个 future 而不是立即连接；
- ❑ 在带有 asyncio.wait_for() 的计时器事件中使用套接字连接 future；
- ❑ 如果成功，就将端口添加到结果列表中；
- ❑ 添加一个新函数 scan()，为每个端口创建 check_port() 协程并将它们添加到 tasks 列表中；
- ❑ 使用 asyncio.gather() 将所有的 tasks 合并到一个新的协程中；
- ❑ 使用 asyncio.run() 运行扫描器。

以下是上述步骤的操作代码：

cpython-book-samples ▶ 33 ▶ portscanner_async.py

```python
import time
import asyncio

timeout = 1.0

async def check_port(host: str, port: int, results: list):
    try:
        future = asyncio.open_connection(host=host, port=port)
        r, w = await asyncio.wait_for(future, timeout=timeout)
        results.append(port)
        w.close()
    except OSError: # 通过端口关闭
        pass
    except asyncio.TimeoutError:
        pass # 端口已关闭，跳过并继续

async def scan(start, end, host):
    tasks = []
    results = []
```

```
    for port in range(start, end):
        tasks.append(check_port(host, port, results))
    await asyncio.gather(*tasks)
    return results

if __name__ == '__main__':
    start = time.time()
    host = "localhost" # 选择自己的主机
    results = asyncio.run(scan(80, 100, host))
    for result in results:
        print("Port {0} is open".format(result))
    print("Completed scan in {0} seconds".format(time.time() - start))
```

此扫描仅需一秒多一点儿即可完成。

```
$ python portscanner_async.py
Port 80 is open
Completed scan in 1.0058400630950928 seconds
```

10.8　异步生成器

到目前为止，我们所掌握的生成器和协程的概念可以组合成**异步生成器**。

如果一个函数使用 async 关键字声明并包含 yield 语句，那么它在调用时就会转换为异步生成器对象。

与生成器一样，异步生成器必须由能理解协议的程序执行。异步生成器可以用 __anext__() 方法来代替生成器中的 __next__() 方法。

常规的 for 循环无法理解异步生成器，因此可以使用 async for 语句来代替。

可以将 check_ports() 重构为一个异步生成器，该生成器会生成下一个打开的端口，直到它到达最后一个端口或找到指定数量的打开端口为止：

```
async def check_ports(host: str, start: int, end: int, max=10):
    found = 0
    for port in range(start, end):
        try:
            future = asyncio.open_connection(host=host, port=port)
            r, w = await asyncio.wait_for(future, timeout=timeout)
            yield port
            found += 1
            w.close()
            if found >= max:
                return
        except asyncio.TimeoutError:
            pass # 关闭
```

要执行此操作，请使用 async for 语句：

```
async def scan(start, end, host):
    results = []
    async for port in check_ports(host, start, end, max=1):
        results.append(port)
    return results
```

完整示例请参阅 cpython-book-samples ▸ 33 ▸ portscanner_async_generators.py。

10.9 子解释器

到目前为止，我们已经了解了：

❑ 多进程并行执行；
❑ 线程和异步并发执行。

多进程的缺点是使用管道和队列的进程间通信比共享内存慢，而且启动新进程的开销很大。

虽然线程和异步的开销很小，但由于 GIL 中的线程安全保证，二者并不能提供真正的并行执行。

第四个选择是 subinterpreters，它的开销比 multiprocessing 小，并且允许每个子解释器有一个 GIL。

CPython 运行时中总会有一个解释器。解释器会保存解释器状态，一个解释器中可以有一个或多个 Python 线程。解释器是求值循环的容器。它还管理自己的内存、引用计数器和垃圾回收。

如图 10-21 所示，CPython 具有用于创建解释器的低层次 C 语言 API，比如 Py_NewInterpreter()。

注意

subinterpreters 模块在 Python 3.9 中仍处于实验阶段，因此 API 可能会发生变化，并且该实现仍然存在问题。

因为解释器状态包含内存分配区域（所有指向本地和全局 Python 对象的指针的集合），所以子解释器无法访问其他解释器的全局变量。

与多进程类似，要在解释器之间共享对象，就必须将它们序列化或使用 ctypes 并使用 IPC（网络、磁盘或共享内存）的一种形式。

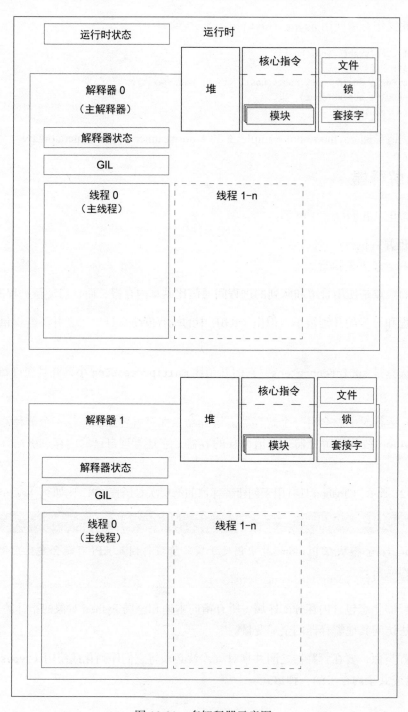

图 10-21   多解释器示意图

10.9.1　相关源文件

表 10-10 展示了与子解释器相关的源文件。

表 10-10　与子解释器相关的源文件及其用途

文　件	用　途
Lib ▶ _xxsubinterpreters.c	subinterpreters 模块的 C 语言实现
Python ▶ pylifecycle.c	解释器管理 API 的 C 语言实现

10.9.2　示例

在最后的示例应用程序中，实际创建连接的代码是在字符串中捕获的。这是因为在 Python 3.9 中，子解释器只能用字符串代码来执行。

为了启动每个子解释器，线程列表以回调函数 run() 开始。

此函数将：

❑ 创建一个通信通道；
❑ 启动一个新的子解释器；
❑ 向子解释器发送要执行的代码；
❑ 通过通信通道接收数据；
❑ 如果端口连接成功，就将其加入线程安全的队列。

cpython-book-samples ▶ 33 ▶ portscanner_subinterpreters.py

```python
import time
import _xxsubinterpreters as subinterpreters
from threading import Thread
import textwrap as tw
from queue import Queue

timeout = 1 # 单位是秒

def run(host: str, port: int, results: Queue):
    # 创建通信通道
    channel_id = subinterpreters.channel_create()
    interpid = subinterpreters.create()
    subinterpreters.run_string(
        interpid,
        tw.dedent(
    """
    import socket; import _xxsubinterpreters as subinterpreters
    sock = socket.socket(socket.AF_INET, socket.SOCK_STREAM)
    sock.settimeout(timeout)
    result = sock.connect_ex((host, port))
    subinterpreters.channel_send(channel_id, result)
```

```
        sock.close()
        """),
            shared=dict(
                channel_id=channel_id,
                host=host,
                port=port,
                timeout=timeout
            ))
    output = subinterpreters.channel_recv(channel_id)
    subinterpreters.channel_release(channel_id)
    if output == 0:
        results.put(port)

if __name__ == '__main__':
    start = time.time()
    host = "127.0.0.1" # 选择你的主机
    threads = []
    results = Queue()
    for port in range(80, 100):
        t = Thread(target=run, args=(host, port, results))
        t.start()
        threads.append(t)
    for t in threads:
        t.join()
    while not results.empty():
        print("Port {0} is open".format(results.get()))
    print("Completed scan in {0} seconds".format(time.time() - start))
```

由于与多进程相比开销减少了，因此此示例的执行速度应该会加快 30%～40%，并且会占用更少的内存资源。

```
$ python portscanner_subinterpreters.py
Port 80 is open
Completed scan in 1.3474230766296387 seconds
```

10.10   小结

恭喜你读完了本书最重要的一章！你已经学到了很多知识。下面我们来回顾一些概念及其应用程序。

对于真正的**并行**执行，你需要多个 CPU 或核。你还需要使用 multiprocessing 或 subinterpreters 包，以便 Python 解释器可以并行执行。

请记住，上述两种方法的启动时间很长，每个解释器都有很大的内存开销。如果你要执行的任务是短期的，那么可以使用 worker 池和任务队列。

如果你有 I/O 密集型任务并希望它们**并发**运行，则应该将多线程或协程与 asyncio 包一起使用。

所有这 4 种方法都需要了解如何在进程或线程之间安全有效地传输数据。巩固所学知识的最佳方法是查看你编写的应用程序，看看如何利用这些技术来重构它。

第 11 章

对象和类型

CPython 自带一系列基本类型，包括字符串、列表、元组、字典和对象。所有这些类型都是内置的，无须导入（甚至不需要从标准库中导入）任何库。

例如，要创建一个新的空列表，你可以使用 list()：

```
lst = list()
```

或者使用方括号（[]）：

```
lst = []
```

字符串可以使用双引号或单引号从字符串字面量实例化。在第 4 章中，我们探索过让编译器把双引号解释为字符串字面量的相关语法定义。

Python 中的所有类型都继承自内置的基类型 object，即使是字符串、元组和列表也不例外。

object 类型的基本实现位于 Object ▶ object.c 中，它是用纯 C 语言代码实现的。还有一些基本逻辑的具体实现，比如浅层比较。

可以将 Python 对象视为由以下两部分组成。

(1) 核心数据模型，包括指向已编译函数的指针。
(2) 带有任意自定义属性和方法的字典。

许多基本的对象 API 在 Objects ▶ object.c 中声明，比如内置函数 repr() 的实现 PyObject_Repr。在该文件中，还可以找到 PyObject_Hash() 和其他 API。

通过在 Python 对象上实现双下划线方法，可以重写自定义对象中的所有这些函数：

```python
class MyObject(object):
    def __init__(self, id, name):
        self.id = id
        self.name = name

    def __repr__(self):
        return "<{0} id={1}>".format(self.name, self.id)
```

这些内置函数统称为 Python 数据模型。然而，并不是说 Python 对象中的所有方法都属于数据模型。这意味着，Python 对象中除了可以包含数据模型规定的内置操作相关的方法，还可以包含你自己定义的方法，以及类或实例的属性。

> **参阅**
>
> Luciano Ramalho 所著的《流畅的 Python（第 2 版）》[1]是深入理解 Python 数据模型的极佳资源。

11.1　本章示例

在本章中，我们将为每种类型提供一个具体的示例。在这些示例中，你将实现前几章所提到的约等于运算符。

如果你还没有实现第 7 章中提到的更改，那么在进一步学习之前，请务必完成。这些更改是实现以下示例所必备的。

11.2　内置类型

核心数据模型定义在 `PyTypeObject` 中，函数定义在 Objects ▶ typeobject.c 中。

每个源文件在 Include 中都有对应的头文件。例如，Objects ▶ rangeobject.c 对应的头文件是 Include ▶ rangeobject.h。

表 11-1 展示了一些内置类型的源文件及其对应类型。

表 11-1　一些内置类型的源文件及其对应类型

文　件	类　型
Objects ▶ object.c	内置方法和基对象
Objects ▶ boolobject.c	`bool` 类型
Objects ▶ bytearrayobject.c	`byte[]` 类型
Objects ▶ bytesobjects.c	`bytes` 类型
Objects ▶ cellobject.c	`cell` 类型
Objects ▶ classobject.c	在元编程中使用的抽象 `class` 类型
Objects ▶ codeobject.c	内置 `code` 对象类型
Objects ▶ complexobject.c	复数类型

---

① 该书中文版已由人民邮电出版社图灵公司出版，详见 *ituring.com.cn/book/2893*。——编者注

（续）

文　件	类　型
Objects ▶ iterobject.c	迭代器类型
Objects ▶ listobject.c	list 类型
Objects ▶ longobject.c	long 数值类型
Objects ▶ memoryobject.c	基本内存类型
Objects ▶ methodobject.c	类方法类型
Objects ▶ moduleobject.c	模块类型
Objects ▶ namespaceobject.c	命名空间类型
Objects ▶ odictobject.c	有序字典类型
Objects ▶ rangeobject.c	range 类型
Objects ▶ setobject.c	set 类型
Objects ▶ sliceobject.c	切片引用类型
Objects ▶ structseq.c	struct.Struct 类型
Objects ▶ tupleobject.c	tuple 类型
Objects ▶ typeobject.c	type 类型
Objects ▶ unicodeobject.c	str 类型
Objects ▶ weakrefobject.c	weakref 类型

本章将探索其中的一些类型。

11.3　对象类型和可变长度对象类型

与 Python 不同，C 语言并不是面向对象语言，因此 C 语言中的对象不会继承其他对象。PyObject 是每个 Python 对象的基础数据段，而 PyObject * 表示指向 Python 对象的指针。

定义 Python 类型时，typedef 会使用以下两种宏之一：

❑ PyObject_HEAD (PyObject) 用于简单的类型；
❑ PyObject_VAR_HEAD (PyVarObject) 用于容器类型。

PyObject 相对简单，表 11-2 展示了它拥有的字段。

表 11-2　PyObject 所拥有的字段及其类型和用途

字　段	类　型	用　途
ob_refcnt	Py_ssize_t	实例的引用计数
ob_type	_typeobject*	对象的类型

例如，除了基础字段，cellobject 还声明了一个额外的字段 ob_ref：

```
typedef struct {
    PyObject_HEAD
    PyObject *ob_ref;        /* 单元格的内容，或者为空时是 NULL */
} PyCellObject;
```

PyVarObject 类型是 PyObject 类型的扩展，并增加了可变长度的字段，定义如表 11-3 所示。

表 11-3　PyVarObject 的字段及其类型和用途

字　　段	类　　型	用　　途
ob_base	PyObject	基类型
ob_size	Py_ssize_t	包含的项目数量

例如，int 类型（PyLongObject）的声明如下所示。

```
struct _longobject {
    PyObject_VAR_HEAD
    digit ob_digit[1];
}; /* PyLongObject */
```

11.4　type 类型

在 Python 中，所有对象都具有 ob_type 属性。你可以通过内置函数 type() 来获取这个属性的值：

```
>>> t = type("hello")
>>> t
<class 'str'>
```

函数 type() 的返回结果是 PyTypeObject 的一个实例：

```
>>> type(t)
<class 'type'>
```

类型对象用于定义抽象基类的实现。

例如，对象总是会实现 __repr__() 方法：

```
>>> class example:
...     x = 1
>>> i = example()
>>> repr(i)
'<__main__.example object at 0x10b418100>'
```

在任何对象的类型定义中，__repr__() 方法的实现总是位于相同的位置。这个位置被称为**类型槽**。

11.4.1　类型槽

所有类型槽都定义在 Include ▶ cpython ▶ object.h 文件中。

每个类型槽都有属性名和函数签名。例如，__repr__() 方法的属性名为 tp_repr，函数签名为 reprfunc：

```
struct PyTypeObject
---
typedef struct _typeobject {
    ...
    reprfunc tp_repr;
    ...
} PyTypeObject;
```

函数签名 reprfunc 在 Include ▶ cpython ▶ object.h 文件中定义，它只有一个参数 PyObject*(self)：

```
typedef PyObject *(*reprfunc)(PyObject *);
```

例如，cellobject 使用函数 cell_repr 实现了 tp_repr 类型槽：

```
PyTypeObject PyCell_Type = {
    PyVarObject_HEAD_INIT(&PyType_Type, 0)
    "cell",
    sizeof(PyCellObject),
    0,
    (destructor)cell_dealloc,              /* tp_dealloc */
    0,                                     /* tp_vectorcall_offset */
    0,                                     /* tp_getattr */
    0,                                     /* tp_setattr */
    0,                                     /* tp_as_async */
    (reprfunc)cell_repr,                   /* tp_repr */
    ...
};
```

除了这些以 tp_ 为前缀的基本类型槽，PyTypeObject 中还有其他类型槽定义，如表 11-4 所示。

表 11-4　PyTypeObject 中的其他类型槽

类　型　槽	前　缀
PyNumberMethods	nb_
PySequenceMethods	sq_
PyMappingMethods	mp_
PyAsyncMethods	am_
PyBufferProcs	bf_

每个类型槽都有一个唯一的编号，这些编号被定义在 Include ▶ typeslots.h 文件中。当引用或获取一个对象的类型槽时，应该使用这些常量。

例如，tp_repr 对应的常量为 Py_tp_repr，其值为 66，这个值总是与类型槽的位置相匹配。这些常量在检查一个对象是否实现了特定类型槽函数时非常有用。

11.4.2　在 C 语言中使用类型

C 语言扩展模块和 CPython 核心代码中经常会使用 PyObject* 类型。

如果你在一个可索引的对象（如列表或字符串）上执行 x[n] 操作，那么就会调用 PyObject_GetItem() 函数。该函数会检查对象 x 以决定如何对其进行索引操作。

Objects ▶ abstract.c 的第 146 行

```
PyObject *
PyObject_GetItem(PyObject *o, PyObject *key)
{
    PyMappingMethods *m;
    PySequenceMethods *ms;
...
```

PyObject_GetItem() 函数可以用于映射类型（如字典）或序列类型（如列表和元组）。

如果实例 o 有序列方法，那么 o->ob_type->tp_as_sequence 就会被求值为真。如果实例定义了 sq_item 类型槽函数，那么就可以假设它正确地实现了序列协议。

接下来，检查对象 key 是否可以被转换成整数，然后使用 PySequence_GetItem() 函数从序列对象中取出元素。

```
ms = o->ob_type->tp_as_sequence;
if (ms && ms->sq_item) {
 if (PyIndex_Check(key)) {
        Py_ssize_t key_value;
        key_value = PyNumber_AsSsize_t(key, PyExc_IndexError);
        if (key_value == -1 && PyErr_Occurred())
            return NULL;
        return PySequence_GetItem(o, key_value);
    }
    else {
        return type_error("sequence index must "
                        "be integer, not '%.200s'", key);
    }
}
```

11.4.3　类型属性字典

Python 支持使用 class 关键字定义新的类型。用户定义类型会由类型对象模块中的 type_new() 函数创建。

用户定义类型有一个属性字典，该字典可以使用 __dict__() 函数获取。每当在一个自定义类上访问属性时，__getattr__() 的默认实现都会在这个属性字典中查找。类方法、实例方法、类属性和实例属性都在这个字典中。

PyObject_GenericGetDict() 函数实现了获取给定对象的字典实例的逻辑。PyObject_GetAttr() 是 __getattr__() 的默认实现。同样，PyObject_SetAttr() 是 __setattr__() 的默认实现。

11.5　`bool` 类型和 `long` 类型

bool 类型是内置类型中最直接的实现。它继承自 long，并且预定义了两个常量，即 Py_True 和 Py_False。这些常量是**不可变**实例，它们是在 Python 解释器初始化过程中创建的。

在 Objects ▶ boolobject.c 文件中，你可以看到一个辅助函数 PyBool_FromLong，它用于从整数创建 bool 类型实例。

Objects ▶ boolobject.c 的第 28 行

```
PyObject *PyBool_FromLong(long ok)
{
    PyObject *result;

    if (ok)
        result = Py_True;
    else
        result = Py_False;
    Py_INCREF(result);
    return result;
}
```

这个函数会使用 C 语言对一个整数进行判断，若该值为真则令 result 指向 Py_True，否则指向 Py_False。最后，函数会增加 result 指向的对象的引用计数。

bool 类型实现了 and 操作、xor 操作和 or 操作对应的数值函数，但在从 long 继承的过程中删除了加法、减法和除法，因为对两个布尔值进行除法运算没有任何意义。

在 bool 类型的 and 操作的实现中，首先会检查 a 和 b 是否都为 bool 值。如果不是，它们就会被转换成整数，然后对这两个整数进行 and 运算。

Objects ▶ boolobject.c 的第 61 行

```
static PyObject *
bool_and(PyObject *a, PyObject *b)
{
    if (!PyBool_Check(a) || !PyBool_Check(b))
        return PyLong_Type.tp_as_number->nb_and(a, b);
    return PyBool_FromLong((a == Py_True) & (b == Py_True));
}
```

11.5.1 long 类型

long 类型比 bool 类型稍微复杂一点儿。在从 Python 2 迁移到 Python 3 的过程中，CPython 抛弃了对 int 类型的支持，并且使用 long 类型作为主要的整数类型。

Python 的 long 类型的特别之处在于，它可以存储长度可变的整数。其最大长度被设置在编译出来的二进制文件中。

Python long 数据结构由 PyObject_VAR_HEAD 和一个整数数组组成。整数数组 ob_digit 的初始长度为 1，但在初始化时，它可以扩展到更长的长度。

Include ▶ longintrepr.h 的第 85 行

```
struct _longobject {
    PyObject_VAR_HEAD
    digit ob_digit[1];
};
```

例如，整数 1 对应 ob_digits [1]，整数 24 601 对应 ob_digits [2, 4, 6, 0, 1]。

可以通过 _PyLong_New() 函数为新的 long 类型分配内存。这个函数会接收一个固定的长度，并确保它小于 MAX_LONG_DIGITS。然后，它会为 ob_digit 重新分配内存，使之与这个长度相匹配。

为了将 C 语言的 long 类型转换为 Python 的 long 类型，首先需要将 C 语言的 long 类型转换为一个数字列表，然后为 Python 的 long 类型分配内存，最后再设置每个数字。

对于个位数的数值，long 对象将使用长度为 1 的 ob_digit 进行初始化。然后，在不分配内存的情况下设置数值：

Objects ▶ longobject.c 的第 297 行

```
PyObject *
PyLong_FromLong(long ival)
{
    PyLongObject *v;
    unsigned long abs_ival;
    unsigned long t;  /* 无符号，因此 >> 不会传播符号位 */
    int ndigits = 0;
```

```
    int sign;

    CHECK_SMALL_INT(ival);
...
    /* 对单数字整数的快速路径 */
    if (!(abs_ival >> PyLong_SHIFT)) {
        v = _PyLong_New(1);
        if (v) {
            Py_SIZE(v) = sign;
            v->ob_digit[0] = Py_SAFE_DOWNCAST(
                abs_ival, unsigned long, digit);
        }
        return (PyObject*)v;
    }
...
    /* 较大的数值：使用循环确定数值的位数 */
    t = abs_ival;
    while (t) {
        ++ndigits;
        t >>= PyLong_SHIFT;
    }
    v = _PyLong_New(ndigits);
    if (v != NULL) {
        digit *p = v->ob_digit;
        Py_SIZE(v) = ndigits*sign;
        t = abs_ival;
        while (t) {
            *p++ = Py_SAFE_DOWNCAST(
                t & PyLong_MASK, unsigned long, digit);
            t >>= PyLong_SHIFT;
        }
    }
    return (PyObject *)v;
}
```

如果想把一个双精度浮点数转换为 Python long 类型，可以使用 PyLong_FromDouble() 函数，它会为你做相关的数学计算。

在 Objects ▶ longobject.c 文件中，其余的函数都有各自的功能，比如 PyLong_FromUnicodeObject() 可以将 Unicode 字符串转换为数值。

11.5.2　示例

long 的 rich-comparison 类型槽会被设置为 long_richcompare() 函数。这个函数封装了 long_compare() 函数。

Objects ▶ longobject.c 的第 3031 行

```
static PyObject *
long_richcompare(PyObject *self, PyObject *other, int op)
{
```

```
Py_ssize_t result;
CHECK_BINOP(self, other);
if (self == other)
    result = 0;
else
    result = long_compare((PyLongObject*)self, (PyLongObject*)other);
Py_RETURN_RICHCOMPARE(result, 0, op);
}
```

long_compare() 函数首先会检查 a 和 b 这两个变量的位数长度。如果长度相同，它就会遍历每位数字，以检查它们是否相等。

long_compare() 函数可以返回以下 3 种结果之一。

(1) 如果 a < b，则函数会返回一个负数。

(2) 如果 a == b，则函数会返回 0。

(3) 如果 a > b，则函数会返回一个正数。

例如，当你执行 1 == 5 时，结果就是 -4；执行 5 == 1 时，结果则是 4。

在 Py_RETURN_RICHCOMPARE 宏之前，可以实现以下代码，以便在结果的绝对值小于等于 1 时返回 True。这段代码使用 Py_ABS() 宏返回了有符号整数的绝对值：

```
if (op == Py_AlE) {
    if (Py_ABS(result) <= 1)
        Py_RETURN_TRUE;
    else
        Py_RETURN_FALSE;
}
Py_RETURN_RICHCOMPARE(result, 0, op);
}
```

重新编译 Python 后，应该可以看到改动后的效果。

```
>>> 2 == 1
False
>>> 2 ~= 1
True
>>> 2 ~= 10
False
```

11.6　Unicode 字符串类型

Python 的 Unicode 字符串很复杂。当然，任何跨平台的 Unicode 类型都很复杂。

这种复杂性主要源于 Python 提供了多种编码方式，并且 Python 所支持的平台上的默认配置各不相同。

在 Python 2 中，字符串类型使用 C 语言中的 char 类型存储。单字节的 char 类型足以存储任何一个 ASCII（American Standard Code for Information Interchange，美国信息交换标准代码）字符。ASCII 自 20 世纪 70 年代以来一直广泛应用于计算机编程。

然而，ASCII 无法支持世界上所使用的成千上万种语言和字符集，包括一些扩展的字形字符集，比如表情符号（emoji）。

为了解决这些问题，Unicode 联盟于 1991 年推出了一种标准的编码系统和字符数据库，即 Unicode 标准。现代的 Unicode 标准包括所有书面语言的字符，以及扩展的字形和字符。

截至 Unicode 13.0，**Unicode 字符数据库**（Unicode Character Database，UCD）中包含 143 859 个命名字符，相比之下，ASCII 中只有 128 个字符。Unicode 标准在一个名为**通用字符集**（Universal Character Set，UCS）的字符表中定义了这些字符。每个字符都有一个独特的标识符，称为**码点**（code point）。

许多**编码**会使用 Unicode 标准，并会将码点转换为二进制值。

Python Unicode 字符串支持 3 种具有不同长度的编码方式：

❑ 1 字节（8 位）
❑ 2 字节（16 位）
❑ 4 字节（32 位）

这些长度可变的编码在 CPython 实现中被称为：

❑ 1 字节的 Py_UCS1，存储为 8 位无符号 int 类型 uint8_t；
❑ 2 字节的 Py_UCS2，存储为 16 位无符号 int 类型 uint16_t；
❑ 4 字节的 Py_UCS4，存储为 32 位无符号 int 类型 uint32_t。

11.6.1 相关源文件

表 11-5 展示了与字符串相关的源文件。

表 11-5　与字符串相关的源文件及其用途

文　件	用　途
Include ▶ unicodeobject.h	Unicode 字符串对象定义
Include ▶ cpython ▶ unicodeobject.h	Unicode 字符串对象定义
Objects ▶ unicodeobject.c	Unicode 字符串对象实现
Lib ▶ encodings	encodings 包中包含所有可能的编码
Lib ▶ codecs.py	编解码模块
Modules ▶ _codecsmodule.c	编解码模块的 C 语言扩展，实现了特定于操作系统的编码
Modules ▶ _codecs	其他编码的编解码实现

11.6.2　处理 Unicode 码点

CPython 并不包含 UCD 的副本，即使 Unicode 标准中引入了新的文字或字符，CPython 也不需要做出改变。

CPython 中的 Unicode 字符串只需关心编码问题，而操作系统负责用正确的文字来呈现码点。

Unicode 标准包括 UCD，并会定期更新新的文字、表情符号和字符。操作系统通过补丁来接收 Unicode 的这些更新。这些补丁包括新的 UCD 码点以及对各种 Unicode 编码的支持。UCD 被分成了若干个称为**代码块**的部分。

Unicode 码表发布在 Unicode 网站上。

另一个需要支持 Unicode 的是 Web 浏览器。Web 浏览器可以解码带有编码标记的 HTTP 编码头中的 HTML 二进制数据。如果用 CPython 作为 Web 服务器，那么你的 Unicode 编码必须与发送给用户的 HTTP 头中的编码标记相匹配。

11.6.3　UTF-8 和 UTF-16

以下是两种常见的编码方式。

(1) **UTF-8**，这是一种 8 位的字符编码，它支持 UCD 中所有可能的字符，码点为 1~4 字节。
(2) **UTF-16**，这是一种 16 位的字符编码，虽然与 UTF-8 类似，但它与 7 位或 8 位（如 ASCII）的编码不兼容。

UTF-8 是最常用的 Unicode 编码。

所有的 Unicode 编码都可以用十六进制值来表示码点。下面是两个例子：

❑ U+00F7 表示除法字符，即 '÷'；
❑ U+0107 表示带尖音符的拉丁文小写字母 c，即 'ć'。

在 Python 中，可以使用转义字符 \u 或码点的十六进制值来直接编码 Unicode 码点：

```
>>> print("\u0107")
ć
```

值得注意的是，CPython 不会对这些数据进行填充。因此，如果你尝试使用 \u107，那么就会触发以下异常：

```
print("\u107")
  File "<stdin>", line 1
SyntaxError: (Unicodeerror) 'unicodeescape' codec can't decode
    bytes in position 0-4: truncated \uXXXX escape
```

XML 和 HTML 都支持使用特殊转义字符 &#val; 来表示 Unicode 码点，其中 val 是码点的十进制值。如果需要将 Unicode 码点编码到 XML 或 HTML 中，可以将 .encode() 方法中的错误处理程序设为 xmlcharrefreplace：

```
>>> "\u0107".encode('ascii', 'xmlcharrefreplace')
b'&#263;'
```

输出将包含 HTML 或 XML 的转义码点。所有现代浏览器都会将此转义序列解码为正确的字符。

ASCII 兼容性

如果你正在处理 ASCII 编码的文本，那么理解 UTF-8 和 UTF-16 之间的区别就显得尤为关键。UTF-8 的主要优点是它与 ASCII 编码的文本兼容。ASCII 编码是一种 7 位编码。

Unicode 标准的前 128 个码点对应于 ASCII 标准中的前 128 个字符。例如，拉丁字母 "a" 不仅是 ASCII 中的第 97 个字符，也是 Unicode 中的第 97 个字符。十进制的 97 相当于十六进制的 61，所以 "a" 的 Unicode 码点是 U+0061。

在 REPL 中，我们可以为字母 "a" 创建二进制代码，如下所示：

```
>>> letter_a = b'a'
>>> letter_a.decode('utf8')
'a'
```

它可以被正确地解码为 UTF-8。

UTF-16 则适用于 2~4 字节的码点。字母 "a" 的 1 字节表示法将无法被正确地解码为 UTF-16：

```
>>> letter_a.decode('utf16')
Traceback (most recent call last):
  File "<stdin>", line 1, in <module>
UnicodeDecodeError: 'utf-16-le' codec can't decode
    byte 0x61 in position 0: truncated data
```

因此，在选择编码方式时需要注意这一点。如果需要导入 ASCII 编码的数据，那么 UTF-8 是比较安全的选择。

11.6.4　宽字符类型

如果想在 CPython 源代码中处理未知编码的 Unicode 字符串输入，那么就需要使用 C 语言中的 wchar_t 类型。

wchar_t 是 C 语言标准中的宽字符串类型，足以在内存中存储 Unicode 字符串。在 PEP 393 之后，wchar_t 类型被选为了 Unicode 存储格式。Unicode 字符串对象提供了 PyUnicode_FromWideChar()，这是一个将 wchar_t 常量转换为字符串对象的工具函数。

例如，使用 pymain_run_command() 函数，python -c 可以将 -c 参数转换为 Unicode 字符串。

Modules ▶ main.c 的第 226 行

```
static int
pymain_run_command(wchar_t *command, PyCompilerFlags *cf)
{
    PyObject *unicode, *bytes;
    int ret;

    Unicode= PyUnicode_FromWideChar(command, -1);
```

11.6.5　字节顺序标记

当解码一个输入（如一个文件）时，CPython 可以从字节顺序标记（Byte Order Marker，BOM）中检测出字节顺序。BOM 是出现在 Unicode 字节流开头部分的特殊字符。它可以告诉接收者数据的字节顺序。

不同的计算机系统可能会采用不同的字节顺序进行编码。如果你使用了错误的字节顺序，那么即使编码正确，数据也可能会出现乱码。**大端顺序会将最高位字节放在前面，小端顺序则会将最低位字节放在前面。**

虽然 UTF-8 规范确实支持 BOM，但它并没有实际作用。在 UTF-8 中，BOM 可以以 b'\xef\xbb\xbf' 的形式出现在编码数据序列的开头，这将向 CPython 表明数据流很可能是 UTF-8。而 UTF-16 和 UTF-32 支持小端 BOM 和大端 BOM。

在 CPython 中，字节顺序的默认值是由 sys.byteorder 设置的。

```
>>> import sys; print(sys.byteorder)
little
```

11.6.6　encodings 包

Lib ▶ encodings 中的 encodings 包为 CPython 提供了 100 多种内置编码方式。每当对一个字符串或字节串调用 .encode() 方法或 .decode() 方法时，都会从这个包中查找编码方式。

每个编码都会被定义为一个单独的模块。例如，ISO2022_JP 是一种广泛用于日本电子邮件系统的编码，被声明在 Lib ▶ encodings ▶ iso2022_jp.py 中。

每个编码模块都会定义一个 getregentry() 函数，并注册以下特征：

❑ 它的唯一名称；

  □ 它的来自编解码模块的编码函数和解码函数；
  □ 它的增量编码器类和增量解码器类；
  □ 它的流式读取类和流式写入类。

许多编码模块共享 codecs 模块或 _mulitbytecodec 模块中的编解码器。一些编码模块在 C 语言中使用来自 Modules ▶ cjkcodecs 的单独的编解码器模块。

例如，ISO2022_JP 编码模块会从 Modules ▶ cjkcodecs ▶ _codecs_iso2022.c 中导入一个 C 语言扩展模块，即 _codecs_iso2022：

```python
import _codecs_iso2022, codecs
import _multibytecodec as mbc

codec = _codecs_iso2022.getcodec('iso2022_jp')

class Codec(codecs.Codec):
    encode = codec.encode
    decode = codec.decode

class IncrementalEncoder(mbc.MultibyteIncrementalEncoder,
                         codecs.IncrementalEncoder):
    codec = codec

class IncrementalDecoder(mbc.MultibyteIncrementalDecoder,
                         codecs.IncrementalDecoder):
    codec = codec
```

encodings 包还有一个位于 Lib ▶ encodings ▶ aliases.py 中的模块，该模块包含一个 aliases 字典。这个字典用于给编码添加别名。例如，utf8、utf-8 和 u8 都是 utf_8 编码的别名。

11.6.7　编解码器模块

codecs 模块可以处理具有特定编码格式的数据的转换。可以使用 getencoder() 函数和 getdecoder() 函数分别获取具有特定编码格式的编码函数或解码函数：

```python
>>> iso2022_jp_encoder = codecs.getencoder('iso2022_jp')
>>> iso2022_jp_encoder('\u3072\u3068') # hi-to
(b'\x1b$B$R$H\x1b(B', 2)
```

编码函数将返回一个包含二进制结果和输出字节数的元组。此外，为了在操作系统中打开文件句柄，codecs 还提供了内置函数 open()。

11.6.8　编解码器的实现

表 11-6 展示了 Unicode 对象（Objects ▶ unicodeobject.c）的实现所包含的编码方法。

表 11-6 Unicode 对象的实现所包含的编码方法

编解码器	编 码 器
ascii	PyUnicode_EncodeASCII()
latin1	PyUnicode_EncodeLatin1()
UTF7	PyUnicode_EncodeUTF7()
UTF8	PyUnicode_EncodeUTF8()
UTF16	PyUnicode_EncodeUTF16()
UTF32	PyUnicode_EncodeUTF32()
unicode_escape	PyUnicode_EncodeUnicodeEscape()
raw_unicode_escape	PyUnicode_EncodeRawUnicodeEscape()

所有的解码方法都有类似的名字，只不过是用解码器代替编码器。

其他编码的实现都在 Modules ▶ _codecs 中，这样做是为了避免对主 Unicode 字符串对象的实现造成混乱。值得注意的是，unicode_escape 编解码器和 raw_unicode_escape 编解码器属于 CPython 的内部实现。

11.6.9 内部的编解码器

CPython 内置了许多编码。这些编码是 CPython 所特有的，它们对于一些标准库函数以及源代码的生成过程非常有用。

表 11-7 所示的这些文本编码可用于任何文本输入或输出。

表 11-7 编解码器的用途

编解码器	用 途
idna	实现 RFC 3490
mbcs	根据 ANSI 代码页进行编码（仅限 Windows 系统）
raw_unicode_escape	转换为 Python 源代码中的原始字面值字符串
string_escape	转换为 Python 源代码中的字符串字面值
undefined	尝试使用系统默认编码
unicode_escape	转换为 Python 源代码中的 Unicode 字面值
unicode_internal	返回 CPython 的内部表示

此外，还有一些仅限二进制的编码，需要与带有字节字符串输入的 codecs.encode() 或 codecs.decode() 一起使用，如下所示。

```
>>> codecs.encode(b'hello world', 'base64')
b'aGVsbG8gd29ybGQ=\n'
```

表 11-8 是仅限二进制的编码列表。

表 11-8　仅限二进制的编码列表

编解码器	别　　名	用　　　途
base64_codec	base64 或 base-64	转换为 MIME base64
bz2_codec	bz2	使用 bz2 压缩字符串
hex_codec	hex	转换为十六进制表示，每字节两位数
quopri_codec	quoted-printable	将操作数转换为 MIME 可打印字符引用编码
rot_13	rot13	返回凯撒加密（13 位移）
uu_codec	uu	使用 uuencode 转换
zlib_codec	zip 或 zlib	使用 gzip 压缩

11.6.10　示例

在 PyUnicode_Type 中，tp_richcompare 类型槽被分配给了 PyUnicode_RichCompare() 函数。这个函数用于进行字符串比较，并可以调整为使用 ~= 运算符。你将要实现的函数行为是对两个字符串进行不区分大小写的比较。

首先，添加一个 case 语句来检查左右两边的字符串是否有二进制等价关系：

Objects ▶ unicodeobject.c 的第 11 361 行

```
PyObject *
PyUnicode_RichCompare(PyObject *left, PyObject *right, int op)
{
    ...
    if (left == right) {
        switch (op) {
        case Py_EQ:
        case Py_LE:
>>>     case Py_AlE:
        case Py_GE:
            /* 一个字符串与其自身相等 */
            Py_RETURN_TRUE;
```

接下来，添加一个新的 else if 块来处理 Py_AlE 运算符。这将执行以下操作。

(1) 将左边的字符串转换为新的全大写字符串。

(2) 将右边的字符串转换为新的全大写字符串。

(3) 比较这两个字符串。

(4) 解除对两个临时字符串的引用，以便释放它们。

(5) 返回结果。

你的代码应该像下面这样：

```
else if (op == Py_EQ || op == Py_NE) {
    ...
}
/* 添加这些行 */
else if (op == Py_AlE){
    PyObject* upper_left = case_operation(left, do_upper);
    PyObject* upper_right = case_operation(right, do_upper);
    result = unicode_compare_eq(upper_left, upper_right);
    Py_DECREF(upper_left);
    Py_DECREF(upper_right);
    return PyBool_FromLong(result);
}
```

重新编译后，不区分大小写的字符串比较应该在 REPL 中产生如下结果。

```
>>> "hello" ~= "HEllO"
True
>>> "hello?" ~= "hello"
False
```

11.7 字典类型

字典是一种快速且灵活的映射类型。开发者会用它们来存储和映射数据，Python 对象会用它们来存储属性和方法。

Python 字典也被用于局部变量和全局变量、关键字参数，以及很多其他的用途。Python 字典是**紧凑**的，这意味着哈希表只存储映射的值。

所有内置的不可变类型的哈希算法都非常快，这也是 Python 字典运行速度快的原因。

11.7.1 哈希

所有不可变的内置类型都提供了一个哈希函数，这是在 **tp_hash** 类型槽中实现的。对于自定义类型，则会使用 `__hash__()` 魔术方法。哈希值的大小与指针相同（64 位系统为 64 位，32 位系统为 32 位），但它们并不代表其值的内存地址。

任何 Python 对象的哈希值在其生命周期内都不应该改变。两个具有相同值的不可变对象实例的哈希值应该相等：

```
>>> "hello".__hash__() == ("hel" + "lo").__hash__()
True
```

哈希函数应该避免冲突。两个具有不同值的对象不应该生成相同的哈希值。

有些哈希非常简单，比如 Python 的整数：

```
>>> (401).__hash__()
401
```

更大的整数的哈希值会变得更加复杂。

```
>>> (401123124389798989898).__hash__()
2212283795829936375
```

Python 中的许多内置类型使用了 Python ▶ pyhash.c 模块,这个模块提供了以下哈希辅助函数。

- ❑ 字节: _Py_HashBytes(constvoid*,Py_ssize_t)。
- ❑ 双精度浮点数: _Py_HashDouble(double)。
- ❑ 指针: _Py_HashPointer(void*)。

以 Unicode 字符串为例,它使用 _Py_HashBytes() 函数来对字符串的字节数据进行哈希处理:

```
>>> ("hello").__hash__()
4894421526362833592
```

对于自定义类,可以通过实现 __hash__() 方法来定义它的哈希函数。在定义类的哈希方法时,建议使用自定义类的一些**独特**的属性,而不是简单地实现一个自定义的哈希函数。此外,为了保证这个属性的不变性,可以将其设置为只读,然后使用内置的 hash() 进行哈希:

```python
class User:
    def __init__(self, id: int, name: str, address: str):
        self._id = id

    def __hash__(self):
        return hash(self._id)

    @property
    def id(self):
        return self._id
```

现在, 这个类的实例可以被哈希了:

```
>>> bob = User(123884, "Bob Smith", "Townsville, QLD")
>>> hash(bob)
123884
```

这个实例也可以被用作字典的键了:

```
>>> sally = User(123823, "Sally Smith", "Cairns, QLD")
>>> near_reef - {bob: False, sally: True}
>>> near_reef[bob]
False
```

此外,集合可以消除具有相同哈希值的实例。

```
>>> {bob, bob}
{<__main__.User object at 0x10df244b0>}
```

11.7.2 相关源文件

和字典相关的源文件如表 11-9 所示。

表 11-9　和字典相关的源文件及其用途

文　　件	用　　途
Include ▶ dictobject.h	定义字典对象 API
Include ▶ cpython dictobject.h	定义字典对象类型
Objects ▶ dictobject.c	实现字典对象
Objects ▶ dict-common.h	定义键和键对象
Python ▶ pyhash.c	内部哈希算法

11.7.3 字典结构

如图 11-1 所示，作为字典对象，`PyDictObject` 包括以下元素。

(1) 字典对象的关键属性，比如大小、版本标签以及键和值。

(2) 作为字典键表对象，`PyDictKeysObject` 包含所有条目的键和哈希值。

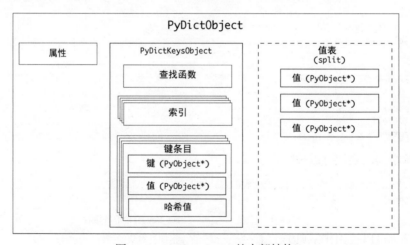

图 11-1　`PyDictObject` 的内部结构

`PyDictObject` 所拥有的字段如表 11-10 所示。

表 11-10　`PyDictObject` 所拥有的字段及其类型和用途

字　　段	类　　型	用　　途
ma_keys	PyDictKeysObject*	字典键表对象
ma_used	Py_ssize_t	字典中的条目数

（续）

字　　段	类　　型	用　　途
ma_values	PyObject**	可选的值数组（参见下面的"注意"）
ma_version_tag	uint64_t	字典的版本号

> **注意**
>
> 字典有两种存储方式：合并表和分离表。当字典使用合并表存储时，指向字典值的指针将被存储在键对象中。
>
> 如果字典使用分离表存储，那么指向字典值的指针将被存储在一个名为 ma_values 的额外的属性中，以作为 PyObject* 的一个值表。

作为字典键表，PyDictKeysObject 所包含的属性如表 11-11 所示。

表 11-11　PyDictKeysObject 包含的属性

字　　段	类　　型	用　　途
dk_entries	PyDictKeyEntry[]	用于字典键条目的数组
dk_indices	char[]	映射到 dk_entries 的哈希表
dk_lookup	dict_lookup_func	查找函数（参见 11.7.4 节）
dk_nentries	Py_ssize_t	条目表中已使用的条目的数量
dk_refcnt	Py_ssize_t	引用计数
dk_size	Py_ssize_t	哈希表的大小
dk_usable	Py_ssize_t	条目表中可用条目的数量，如果为 0 则需调整字典的大小

作为字典的键条目，PyDictKeyEntry 所包含的属性如表 11-12 所示。

表 11-12　PyDictKeyEntry 包含的属性

字　　段	类　　型	用　　途
me_hash	Py_ssize_t	me_key 哈希值的缓存
me_key	PyObject*	指向键对象的指针
me_value	PyObject*	指向值对象的指针（如果是合并表的话）

11.7.4　查找

Python 字典的查找函数 lookdict() 用于查询给定的键对象。

在字典查找过程中，需要考虑以下 3 种情况。

(1) 键的内存地址存在于键表中。

(2) 对象的哈希值存在于键表中。

(3) 字典中不存在该键。

参阅

这个查找函数基于高德纳的著作《计算机程序设计艺术》中关于哈希的讨论。

查找函数的执行顺序如下。

(1) 获取 ob 的哈希值。

(2) 在字典键中查找 ob 的哈希值，并获取索引 ix。

(3) 如果 ix 是空的，则返回 DKIX_EMPTY（未找到）。

(4) 获取给定索引的键条目 ep。

(5) 如果键值与 ep->me_key 相同，那么就说明 ob 和 ep 是同一个指针，可以返回对应的结果。

(6) 如果键的哈希值与 ep->me_hash 相同，则需要进一步对比 key 与 ep->me_key，然后返回对应的结果。

注意

lookupdict() 是 CPython 源代码中少数几个**热点**（hot）函数之一。

　　hot 属性用来告诉编译器一个函数是热点，该函数会被更激进地优化。在许多编译目标上，热点代码会被放在代码段的一个特殊的子段中，以提高局部性。

——来自 GCC 文档中的"常用函数属性"

这是 GNU 的 C 语言编译器的特性，但在用 PGO 编译时，这个函数可能会被编译器自动优化。

11.8　小结

现在你已经了解了一些内置类型的底层实现，可以探索 Python 中的其他类型了。

当你探索 Python 的类型时，重要的是要记住，有些内置类型是用 C 语言编写的，而有些 Python 类型继承自这些由 Python 或 C 语言编写的内置类型。

另外，有些库的类型是用 C 语言编写的，而不是继承自内置类型。NumPy 就是一个例子，它是一个用于处理数值数组的库，其中的 ndarray 就是用 C 语言编写的且性能非常高的数据类型。

第 12 章将探索标准库中定义的类和函数。

第 12 章

标　准　库

Python 总是"自带电池"。这句话的意思是标准的 CPython 发行版自带了一系列库（可用于处理文件、线程、网络、网站、音乐、键盘、屏幕、文本等多种任务）和一系列实用工具。

就像五号电池一样，CPython 的这些"电池"适用于大部分场合，比如 collections 模块和 sys 模块。然而，CPython 中也有一些不常用的模块，就像小型手表电池一样，你不知道它们在什么时候会派上用场。

CPython 标准库中有两种类型的模块。

(1) 用纯 Python 语言编写的功能模块。
(2) 用 C 语言编写并用 Python 进行封装的模块。

本章将探索这两种类型的模块。

12.1　Python 模块

所有用纯 Python 语言编写的模块都位于源代码的 Lib 目录下。一些较大的模块（如 email 模块）会以文件夹的形式存在，其中可能包含子模块的文件夹。

还有一些相对简单的大多数人之前可能没有听说过的模块，比如 colorsys 模块。它只有一百多行 Python 代码，并包含一些在 RGB 和其他颜色系统之间进行转换的工具函数。

当你从源代码安装 Python 发行版时，标准库模块会从 Lib 目录复制到发行版目录中。当你启动 Python 时，该目录始终在搜索路径中，因此你可以直接导入这些模块，而不用担心它们的位置。

以导入 colorsys 模块为例：

```
>>> import colorsys
>>> colorsys
<module 'colorsys' from '/usr/shared/lib/python3.7/colorsys.py'>
```

```
>>> colorsys.rgb_to_hls(255,0,0)
(0.0, 127.5, -1.007905138339921)
```

可以在 Lib ▶ colorsys.py 中查看 rgb_to_hls() 的源代码：

```
# HLS: Hue, Luminance, Saturation
# H: position in the spectrum
# L: color lightness
# S: color saturation

def rgb_to_hls(r, g, b):
    maxc = max(r, g, b)
    minc = min(r, g, b)
    # XXX Can optimize (maxc+minc) and (maxc-minc)
    l = (minc+maxc)/2.0
    if minc == maxc:
        return 0.0, l, 0.0
    if l <= 0.5:
        s = (maxc-minc) / (maxc+minc)
    else:
        s = (maxc-minc) / (2.0-maxc-minc)
    rc = (maxc-r) / (maxc-minc)
    gc = (maxc-g) / (maxc-minc)
    bc = (maxc-b) / (maxc-minc)
    if r == maxc:
        h = bc-gc
    elif g == maxc:
        h = 2.0+rc-bc
    else:
        h = 4.0+gc-rc
    h = (h/6.0) % 1.0
    return h, l, s
```

这个函数没有什么特别之处，它只是标准的 Python 函数。你会发现，所有用纯 Python 语言编写的标准库模块都与之类似，不仅布局美观而且易于理解。

你甚至可以在这些标准库代码中发现 bug 或有待改进之处。如果是这样，你可以进行修改并将其贡献给 Python 社区。本书在最后会介绍如何给 Python 社区贡献代码。

12.2   Python 模块和 C 语言模块

其他模块是用 C 语言或者混合使用 Python 语言和 C 语言编写的。这些模块的源代码的 Python 部分在 Lib 目录下，C 语言部分在 Modules 目录下。不过有两个例外。

(1) sys 模块在 Python ▶ sysmodule.c 中。

(2) __builtins__ 模块在 Python ▶ bltinmodule.c 中。

由于 sys 模块在 CPython 的解释器和内部实现中起着特殊作用，因此我们将其放在了 Python

目录下。可以这样认为：sys 模块是 CPython 的实现细节，而这些实现细节在其他的 Python 实现中可能并不存在。

当解释器被实例化时，Python 将执行 import * from __builtins__，这使得所有的内置函数（如 print()、chr()、format() 等）都可以直接在 Python 代码中使用，这些内置函数的实现可以在 Python ▶ bltinmodule.c 文件中找到。

内置函数 print() 或许是你学会的第一个 Python 特性。那么，当你输入 print("hello, world")后，究竟发生了什么呢？

以下是执行步骤。

(1) 参数 "hello , world" 被编译器从字符串常量转换成 PyUnicodeObject。
(2) 这个 PyUnicodeObject 作为参数传入 builtin_print()，而 builtin_print 的 kwnames 参数被设置为 NULL。
(3) 变量 file 被设置为 PyId_stdout，也即系统的标准输出。
(4) 所有的参数都被发送到 file。
(5) 将一个换行符（'\n'）发送到 file。

以下是它的工作原理：

Python ▶ bltinmodule.c 的第 1828 行：

```
static PyObject *
builtin_print(PyObject *self, PyObject *const *args,
    Py_ssize_t nargs, PyObject *kwnames)
{
    ...
    if (file == NULL || file == Py_None) {
        file = _PySys_GetObjectId(&PyId_stdout);
        ...
    }
    ...
    for (i = 0; i < nargs; i++) {
        if (i > 0) {
            if (sep == NULL)
                err = PyFile_WriteString(" ", file);
            else
                err = PyFile_WriteObject(sep, file,
                                    Py_PRINT_RAW);
            if (err)
                return NULL;
        }
        err = PyFile_WriteObject(args[i], file, Py_PRINT_RAW);
        if (err)
            return NULL;
    }
```

```
    if (end == NULL)
        err = PyFile_WriteString("\n", file);
    else
        err = PyFile_WriteObject(end, file, Py_PRINT_RAW);
    ...
    Py_RETURN_NONE;
}
```

有些用 C 语言编写的模块需要依赖操作系统。因为 CPython 源代码会被编译到 macOS、Windows、Linux，以及其他 *nix 操作系统中，所以我们不得不考虑各种特殊情况。

time 模块就是一个很好的例子。Windows 系统使用和存储时间的方式与 Linux 系统和 macOS 系统完全不同，这也是在不同操作系统中 clock() 函数精度不同的原因之一。

在 Modules ▶ timemodule.c 中，可以看到基于 Unix 的操作系统的时间函数会从 <sys/times.h> 导入：

```
#ifdef HAVE_SYS_TIMES_H
#include <sys/times.h>
#endif
...
#ifdef MS_WINDOWS
#define WIN32_LEAN_AND_MEAN
#include <windows.h>
#include "pythread.h"
#endif /* MS_WINDOWS */
...
```

在同一个文件中，可以看到 time_process_time_ns() 是对 _PyTime_GetProcessTimeWithInfo() 的简单包装：

```
static PyObject *
time_process_time_ns(PyObject *self, PyObject *unused)
{
    _PyTime_t t;
    if (_PyTime_GetProcessTimeWithInfo(&t, NULL) < 0) {
        return NULL;
    }
    return _PyTime_AsNanosecondsObject(t);
}
```

在不同的操作系统中，_PyTime_GetProcessTimeWithInfo() 的实现方式不同。这些不同的实现方式是通过宏来控制的，编译时会根据操作系统选择性地编译代码。例如，Windows 操作系统会调用 GetProcessTimes() 函数，Unix 操作系统则会调用 clock_gettime() 函数。

除了 time 模块，还有一些模块（如线程模块、文件系统模块和网络模块）也对外提供了统一的 API，但是这些模块有多组底层实现。由于操作系统的行为存在差异，因此 CPython 在源代码中会使用一致且抽象的接口来尽可能地向上层调用者提供相同的行为。

第13章

测试套件

CPython 有一个涵盖了核心解释器、标准库、工具以及 Windows、Linux 和 macOS 的发行版的完整测试套件。该测试套件位于 Lib ▶ test 中，主要是用 Python 编写的。完整的测试套件是一个 Python 包，因此我们可以使用自己编译的 Python 解释器来运行它。

13.1　在 Windows 系统上运行测试套件

在 Windows 系统上，可以使用 PCBuild 文件夹中的 rt.bat 脚本来执行测试套件。例如，可以通过在 x64 体系结构上执行快速模式来测试调试配置：

```
> cd PCbuild
> rt.bat -q -d -x64

== CPython 3.9
== Windows-10-10.0.17134-SP0 little-endian
== cwd: C:\repos\cpython\build\test_python_2784
== CPU count: 2
== encodings: locale=cp1252, FS=utf-8
Run tests sequentially
0:00:00 [  1/420] test_grammar
0:00:00 [  2/420] test_opcodes
0:00:00 [  3/420] test_dict
0:00:00 [  4/420] test_builtin
...
```

如果要针对 Release 配置运行回归测试套件，那么就需要从命令行中删除 -d 标志。

13.2　在 Linux 系统或 macOS 系统上运行测试套件

在 Linux 系统和 macOS 系统上，可以通过 make test 命令来编译和运行测试：

```
$ make test
== CPython 3.9
== macOS-10.14.3-x86_64-i386-64bit little-endian
== cwd: /Users/anthonyshaw/cpython/build/test_python_23399
== CPU count: 4
```

```
== encodings: locale=UTF-8, FS=utf-8
0:00:00 load avg: 2.14 [  1/420] test_opcodes passed
0:00:00 load avg: 2.14 [  2/420] test_grammar passed
...
```

或者使用 python 或 python.exe 编译的二进制路径中的 test 包。

```
$ ./python -m test
== CPython 3.9
== macOS-10.14.3-x86_64-i386-64bit little-endian
== cwd: /Users/anthonyshaw/cpython/build/test_python_23399
== CPU count: 4
== encodings: locale=UTF-8, FS=utf-8
0:00:00 load avg: 2.14 [  1/420] test_opcodes passed
0:00:00 load avg: 2.14 [  2/420] test_grammar passed
...
```

表 13-1 展示了其他的用于测试的 make 目标。

表 13-1　make 目标及其用途

目　　标	用　　途
test	运行一组基本的回归测试
testall	运行两次完整的测试套件，一次不使用 .pyc 文件，另一次使用 .pyc 文件
quicktest	运行一组更快的回归测试，不包括耗时较长的测试
testuniversal	在 OSX 系统上的通用构建中为这两种体系结构运行测试套件
coverage	使用 gcov 编译和运行测试
coverage-lcov	创建覆盖率 HTML 报告

13.3　测试标志

有些测试需要某些标志才能运行，否则就会被跳过。例如，许多 IDLE 测试需要 GUI。

使用 --list-tests 标志可以在配置中查看测试套件集合。

```
$ ./python -m test --list-tests

test_grammar
test_opcodes
test_dict
test_builtin
test_exceptions
...
```

13.4　运行特定测试

可以通过将测试套件作为第一个参数来运行特定的测试用例。

以下示例展示了如何在 Linux 系统或 macOS 系统上执行测试用例：

```
$ ./python -m test test_webbrowser

Run tests sequentially
0:00:00 load avg: 2.74 [1/1] test_webbrowser

== Tests result: SUCCESS ==

1 test OK.

Total duration: 117 ms
Tests result: SUCCESS
```

以下示例展示了如何在 Windows 系统上执行测试用例：

```
> rt.bat -q -d -x64 test_webbrowser
```

还可以使用 -v 参数来查看所执行测试的详细列表以及结果：

```
$ ./python -m test test_webbrowser -v

== CPython 3.9
== macOS-10.14.3-x86_64-i386-64bit little-endian
== cwd: /Users/anthonyshaw/cpython/build/test_python_24562
== CPU count: 4
== encodings: locale=UTF-8, FS=utf-8
Run tests sequentially
0:00:00 load avg: 2.36 [1/1] test_webbrowser
test_open (test.test_webbrowser.BackgroundBrowserCommandTest) ...ok
test_register (test.test_webbrowser.BrowserRegistrationTest) ...ok
test_register_default (test.test_webbrowser.BrowserRegistrationTest) ...ok
test_register_preferred (test.test_webbrowser.BrowserRegistrationTest) ...ok
test_open (test.test_webbrowser.ChromeCommandTest) ...ok
test_open_new (test.test_webbrowser.ChromeCommandTest) ...ok
...
test_open_with_autoraise_false (test.test_webbrowser.OperaCommandTest) ...ok
Ran 34 tests in 0.056s

OK (skipped=2)

== Tests result: SUCCESS ==

1 test OK.

Total duration: 134 ms
Tests result: SUCCESS
```

如果希望对 CPython 进行更改，那么了解如何使用测试套件并检查你编译的版本的状态是非常重要的。在开始进行更改之前，应该运行整个测试套件，并确保所有内容都通过。

13.5　测试模块

可以通过导入 unittest 模块来测试 C 语言扩展模块或 Python 模块。测试可以按模块或包进行组装。

例如，Python Unicode 字符串类型在 Lib ▶ test ▶ test_Unicode.py 中有测试，asyncio 包则在 Lib ▶ test ▶ test_asyncio 中有测试包。

> **参阅**
>
> 如果你是 unittest 模块或 Python 测试的新手，那么可以查看一下 *Real Python* 的 "Getting Started With Testing in Python"。

以下是 UnicodeTest 类的摘录：

```
class UnicodeTest(string_tests.CommonTest,
        string_tests.MixinStrUnicodeUserStringTest,
        string_tests.MixinStrUnicodeTest,
        unittest.TestCase):
...
    def test_casefold(self):
        self.assertEqual('hello'.casefold(), 'hello')
        self.assertEqual('hELlo'.casefold(), 'hello')
        self.assertEqual('ß'.casefold(), 'ss')
        self.assertEqual('fi'.casefold(), 'fi')
```

可以通过在 UnicodeTest 类中添加一个新的测试方法来扩展前几章中为 Python Unicode 字符串实现的约等于运算符：

```
def test_almost_equals(self):
    self.assertTrue('hello' ~= 'hello')
    self.assertTrue('hELlo' ~= 'hello')
    self.assertFalse('hELlo!' ~= 'hello')
```

可以在 Windows 系统上运行这个特定的测试模块：

```
> rt.bat -q -d -x64 test_unicode
```

或者在 macOS 系统或 Linux 系统上运行它。

```
$ ./python -m test test_unicode -v
```

13.6　测试工具

通过导入 test.support.script_helper 模块，我们可以访问一些辅助函数来测试 Python 运行时。

- ❑ assert_python_ok(*args, **env_vars) 可以使用指定的参数执行 Python 进程，并返回一个（返回代码、stdout 和 stderr）元组。
- ❑ 与 assert_python_ok()类似，但 assert_python_failure(*args, **env_vars)断言参数会执行失败。
- ❑ make_script(script_dir, script_basename, source) 可以使用 script_basename 和 source 在 script_dir 中生成一个脚本，然后返回脚本路径。该函数与 assert_python_ok() 或 assert_python_failure() 组合使用会更有效。

如果想创建一个在模块未构建时会被跳过的测试，那么可以使用 test.support.import_module() 工具函数。在抛出一个 SkipTest 的同时，该函数会向测试执行器发出跳过此测试包的信号。具体示例如下所示。

```
import test.support

_multiprocessing = test.support.import_module('_multiprocessing')

# 你的测试用例
```

13.7　小结

Python 回归测试套件中有大量近 20 年来针对奇怪边缘案例、bug 修复和新特性的测试。除此之外，CPython 标准库中仍有很大一部分内容几乎没有测试。如果你想参与 CPython 项目，那么编写或扩展单元测试是一个很好的起点。

如果要修改 CPython 的任何部分或添加额外的功能，那么还需要将新用例或扩展用例作为所提交补丁的一部分。

第 14 章

调　　试

CPython 附带了一个用于调试 Python 应用程序的内置调试器 pdb。pdb 非常适合调试 Python 应用程序中出现的崩溃，以及编写测试和查看局部变量。

不过，当谈到 CPython 时，你还需要另一种调试器——一个可以理解 C 语言的调试器。

在本章中，你将了解：

❏ 如何将一个调试器附加到 CPython 解释器上；
❏ 如何使用调试器查看正在运行的 CPython 进程的内部信息。

调试器可以分为两种类型：控制台调试器和可视化调试器。**控制台调试器**（如 pdb）可以提供命令提示符和自定义命令，以便你使用它们查看变量和栈信息。**可视化调试器**是一种以网格形式显示数据的 GUI 应用程序。

本章将要介绍的调试器类型如表 14-1 所示。

表 14-1　常见调试器的分类

调　试　器	类　　型	平　　台
LLDB	控制台型	macOS
GDB	控制台型	Linux
Visual Studio 调试器	可视化型	Windows
CLion 调试器	可视化型	Windows、macOS 和 Linux

14.1　使用崩溃处理程序

在 C 语言中，如果一个应用程序试图读取或写入不该访问的内存区域，那么就会引发**段错误**（segmentation fault）。这种错误会立即终止正在运行的进程，以免对其他应用程序造成更大的破坏。当你试图读取不包含数据的内存或无效的指针时，也可能发生段错误。

如果 CPython 出现了段错误，那么你获取的关于所发生事情的信息就很少：

```
[1]    63476 segmentation fault ./python portscanner.py
```

CPython 自带了一个内置的崩溃处理程序。如果启动 CPython 时附加了 **-X faulthandler** 标志或 **-X dev** 标志，那么崩溃处理程序就会打印错误发生处的运行线程和 Python 栈跟踪信息，而不是打印系统出现段错误的消息：

```
Fatal Python error: Segmentation fault
Thread 0x0000000119021dc0 (most recent call first):
  File "/cpython/Lib/threading.py", line 1039 in _wait_for_tstate_lock
  File "/cpython/Lib/threading.py", line 1023 in join
  File "/cpython/portscanner.py", line 26 in main
  File "/cpython/portscanner.py", line 32 in <module>
[1]    63540 segmentation fault  ./python -X dev portscanner.py
```

这个特性在你为 CPython 开发和测试 C 语言扩展时也很有帮助。

14.2　编译调试的支持

要从调试器中获取有意义的信息，就必须将调试符号编译到 CPython 中。如果没有这些符号，那么调试会话中的栈跟踪就无法包含正确的函数名、变量名或文件名。

14.2.1　Windows 系统

与 3.6 节中的步骤相同，你需要确保已经在 Debug 配置下进行了编译以获取调试符号：

```
> build.bat -p x64 -c Debug
```

请记住，Debug 配置会生成可执行文件 python_d.exe，因此请确保使用这个可执行文件进行调试。

14.2.2　macOS 系统或 Linux 系统

第 3 章中的步骤强调了要附加 **--with-pydebug** 标志来执行 **./configure** 脚本。如果没有添加这个标志，则需要在原有编译选项的基础上添加 **--with-pydebug** 标志，然后再次执行 **./configure**。只有这样才能生成正确的可执行文件和用于调试的符号。

14.3　在 macOS 系统上使用 LLDB

LLDB 调试器包含在 Xcode 开发者工具内，所以如果你使用的是 macOS 系统，那么它应该已经安装好了。

启动 LLDB 并加载由 CPython 编译出的二进制作为目标：

```
$ lldb ./python.exe
(lldb) target create "./python.exe"
Current executable set to './python.exe' (x86_64).
```

运行代码后将出现一个提示符，你可以向其中输入一些用于调试的命令。

14.3.1　创建断点

为了创建断点，需要对文件（相对于根目录）和行号使用 break set 命令。

```
(lldb) break set --file Objects/floatobject.c --line 532
Breakpoint 1: where = python.exe`float_richcompare + 2276 at
    floatobject.c:532:26, address = 0x000000010006a974
```

> **注意**
>
> 还有一种设置断点的简写形式：(lldb) b Objects/floatobject.c:532。

可以使用 break set 命令添加多个断点。如果想要列出当前已有的断点，则可以使用 break list 命令。

```
(lldb) break list
Current breakpoints:
1: file = 'Objects/floatobject.c', line = 532, exact_match = 0, locations = 1
  1.1: where = python.exe`float_richcompare + 2276 at floatobject.c:532:26,
           address = python.exe[...], unresolved, hit count = 0
```

14.3.2　启动 CPython

为了在 LLDB 中启动 CPython，请使用 process launch -- 命令并附加你常用的 Python 命令行选项。

如果想在启动 Python 时附加一条字符串语句（如 python -c "print(1)"），那么可以使用如下命令：

```
(lldb) process launch -- -c "print(1)"
```

如果想在启动 Python 时附加一个脚本，那么可以使用如下命令。

```
(lldb) process launch -- my_script.py
```

14.3.3　附加到正在运行的 CPython 解释器中

如果已经有一个 CPython 解释器正在运行，那么可以将 LLDB 附加到它的进程中。

在 LLDB 会话内部，执行 `process attach --pid` 命令时附加进程 ID 即可。

```
(lldb) process attach --pid 123
```

可以通过活动监视器或 Python 中的 `os.getpid()` 获取进程 ID。

在将 LLDB 附加到 CPython 解释器进程之前或之后设置的任何断点都可以暂停该进程。

14.3.4　处理断点

为了了解如何处理断点，可以在 Objects ▶ floatobject.c 的 `float_richcompare()` 函数上设置断点。

接下来，启动进程并使用前面已经介绍过的约等于运算符来比较两个浮点值：

```
(lldb) process launch -- -c "1.0~=1.1"
Process 64421 launched: '/cpython/python.exe' (x86_64)
Process 64421 stopped
* thread #1, queue = '...', stop reason = breakpoint 1.1
    frame #0: 0x000000010006a974 python.exe`float_richcompare(v=1.0,
       w=1.1, op=6) at floatobject.c:532:26
   529            break;
   530        case Py_AlE: {
   531            double diff = fabs(i - j);
-> 532            const double rel_tol = 1e-9;
   533            const double abs_tol = 0.1;
   534            r = (((diff <= fabs(rel_tol * j)) ||
Target 0: (python.exe) stopped.
```

LLDB 会再给你一个提示命令符，此时可以使用 v 命令查看局部变量：

```
(lldb) v
(PyObject *) v = 0x000000010111b370 1.0
(PyObject *) w = 0x000000010111b340 1.1
(int) op = 6
(double) i = 1
(double) j = 1.1000000000000001
(int) r = 0
(double) diff = 0.10000000000000009
(const double) rel_tol = 2.1256294105914498E-314
(const double) abs_tol = 0
```

你可以使用 expr 命令加上任何有效的 C 语言指令来计算 C 语言表达式。同时还可以使用作用域中的变量。如果想调用 `fabs(rel_tol)` 并将结果强制转换为 double，那么可以执行以下命令：

```
(lldb) expr (double)fabs(rel_tol)
(double) $1 = 2.1256294105914498E-314
```

这些命令将打印生成的变量，并为其分配一个标识符（`$1`）。你可以重用此标识符，将它作为一个临时变量。

你可能还想研究 `PyObject` 实例：

```
(lldb) expr v->ob_type->tp_name
(const char *) $6 = 0x000000010034fc26 "float"
```

要从断点获取栈回溯，请使用 bt 命令：

```
(lldb) bt
* thread #1, queue = '...', stop reason = breakpoint 1.1
  * frame #0: ...
      python.exe`float_richcompare(...) at floatobject.c:532:26
    frame #1: ...
      python.exe`do_richcompare(...) at object.c:796:15
    frame #2: ...
      python.exe`PyObject_RichCompare(...) at object.c:846:21
    frame #3: ...
      python.exe`cmp_outcome(...) at ceval.c:4998:16
```

要进入（step in）函数内部，请使用 step 命令或 s。

要跨过（step over）函数或继续执行下一条语句，请使用 next 命令或 n。

要继续执行，请使用 continue 命令或 c。

要退出会话，请使用 quit 命令或 q。

参阅

LLDB 文档教程中包含更详细的命令列表。

14.3.5　使用 `cpython_lldb` 扩展

LLDB 还支持使用 Python 编写扩展。`cpython_lldb` 是一个开源扩展包，它能在 LLDB 会话中为原生的 CPython 对象打印附加信息。

可以执行以下命令来安装 cpython_lldb：

```
$ mkdir -p ~/.lldb
$ cd ~/.lldb && git clone https://github.com/malor/cpython-lldb
$ echo "command script import ~/.lldb/cpython-lldb/cpython_lldb.py" \
  >> ~/.lldbinit
$ chmod +x ~/.lldbinit
```

现在，每当你在 LLDB 中查看变量时，都会在右侧看到一些附加信息，比如整数和浮点数的数值或 Unicode 字符串的文本。在 LLDB 控制台中，还有一个名为 py-bt 的附加命令，它可以用于打印 Python 帧的栈跟踪。

14.4　使用 GDB

GDB 是用于调试 Linux 平台上的 C/C++ 应用程序的常用调试器，它在 CPython 核心开发团队中也十分受欢迎。

编译 CPython 时会生成一个名为 python-gdb.py 的脚本。无须直接执行这个脚本，只要完成了配置，GDB 就可以自动找到并执行它。

在配置阶段，需要编辑 home 路径（~/.gdbinit）下的 .gdbinit 文件，并添加以下命令：

```
add-auto-load-safe-path /path/to/checkout
```

其中 /path/to/checkout 是你编译 CPython 的路径。

为了启动 GDB，请使用指向已编译的 CPython 二进制文件的参数运行它：

```
$ gdb ./python
```

GDB 将加载已编译二进制文件的符号，并为你提供命令提示符。GDB 有一组内置命令，同时 CPython 扩展还捆绑了一些附加命令。

14.4.1　创建断点

为了设置一个断点，可以相对于可执行文件的路径使用 b <file>:<line> 命令：

```
(gdb) b Objects/floatobject.c:532
Breakpoint 1 at 0x10006a974: file Objects/floatobject.c, line 532.
```

可以设置任意数量的断点。

14.4.2　启动 CPython

要启动该进程，请使用 run 命令和参数来启动 Python 解释器。

例如，可以使用以下命令来附加一个字符串语句并执行它：

```
(gdb) run -c "print(1)"
```

为了在启动 Python 时执行一个脚本，请使用以下命令。

```
(gdb) run my_script.py
```

14.4.3　附加到正在运行的 CPython 解释器中

如果已经有一个 CPython 解释器正在运行，那么可以将 GDB 附加到它的进程中。

在 GDB 会话内部，执行 attach 命令时附加进程 ID 即可：

```
(gdb) attach 123
```

可以通过活动监视器或 Python 中的 os.getpid() 获取进程 ID。

在将 GDB 附加到 CPython 解释器进程之前或之后设置的任何断点都可以暂停进程。

14.4.4   处理断点

当 GDB 命中一个断点时，可以使用 print 命令或 p 来打印变量：

```
(gdb) p *(PyLongObject*)v
$1 = {ob_base = {ob_base = {ob_refcnt = 8, ob_type = ...}, ob_size = 1},
ob_digit = {42}}
```

要进入函数内部，请使用 step 命令或 s。

要跳过函数或继续执行下一条语句，请使用 next 命令或 n。

14.4.5   使用 **python-gdb** 扩展

如表 14-2 所示，python-gdb 扩展将在 GDB 控制台中加载一个附加命令集。

表 14-2   python-gdb 的扩展命令集及其用途

命　　令	用　　途
py-print	查找 Python 变量并打印
py-bt	打印 Python 栈跟踪
py-locals	打印 locals() 的结果
py-up	向上移动一个 Python 帧
py-down	向下移动一个 Python 帧
py-list	打印当前帧的 Python 源代码

14.5   使用 Visual Studio 调试器

Microsoft Visual Studio 自带了一个可视化调试器。这个调试器功能强大，支持帧栈可视化工具、监视列表以及表达式求值的功能。

为了使用它，首先要打开 Visual Studio 和解决方案文件 PCBuild ▸ pcbuild.sln。

14.5.1　添加断点

为了添加一个新的断点，请在解决方案窗口中找到所需的文件，然后点击行号左侧的空白处。

如图 14-1 所示，这个操作会在行号旁添加一个灰色圆点，表示已经在该行上设置了断点。

```
354      */
355
356      static PyObject*
357    □float_richcompare(PyObject *v, PyObject *w, int op)
358      {
359          double i, j;
360          int r = 0;
361
●   362          assert(PyFloat_Check(v));
363          i = PyFloat_AS_DOUBLE(v);
364
365    □    /* Switch on the type of w.  Set i and j to doubles to be compared,
366           * and op to the richcomp to use.
367           */
368          if (PyFloat_Check(w))
369              j = PyFloat_AS_DOUBLE(w);
370
371    □    else if (!Py_IS_FINITE(i)) {
```

图 14-1　在 Visual Studio 中添加断点

如图 14-2 所示，当你将鼠标悬停在灰色圆点上时，会出现一个齿轮。点击这个齿轮就可以配置条件断点。你可以添加一个或多个条件表达式，但在命中断点之前需要先对这些表达式求值。

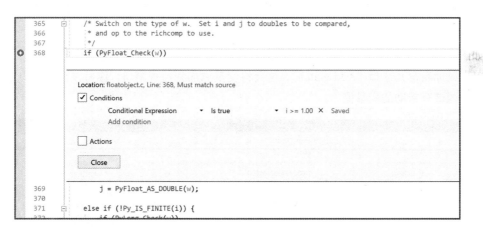

图 14-2　在 Visual Studio 中添加条件断点

14.5.2　启动调试器

在顶部菜单栏中，先选择"Debug"，然后选择"Start Debugger"，或者直接按"F5"键。

Visual Studio 将启动一个新的 Python 运行时和 REPL。

14.5.3　处理断点

当遇到断点时，可以使用导航栏中的按钮或以下快捷键来前进并进入语句内部。

- ❑ 进入函数：F11。
- ❑ 跨过函数：F10。
- ❑ 跳出（step out）函数：Shift+F11。

如图 14-3 所示，你将在底部看到调用栈信息窗口。你可以选择栈中的任意帧来改变导航窗口并在其中查看其他帧中的变量。

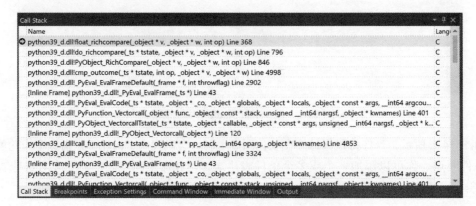

图 14-3　Visual Studio 中的可视化栈调用

如图 14-4 所示，在代码编辑器中，你可以高亮显示任何变量或表达式以查看它们的值。也可以单击鼠标右键并选择"Add Watch"，这会将变量添加到监视窗口，你可以在该窗口中快速查看那些对调试有帮助的变量值。

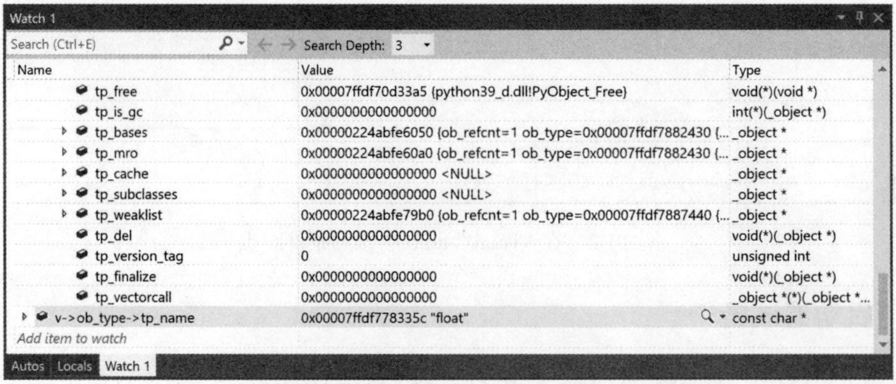

图 14-4　Visual Studio 中的可视化变量监视窗口

14.6　使用 CLion 调试器

CLion IDE 自带了一个强大的可视化调试器。它既可以在 macOS 系统上使用 LLDB，也可以在 macOS 系统、Windows 系统和 Linux 系统上使用 GDB。

如图 14-5 所示，为了配置调试器，请转到 "Preferences"，然后选择 "Build, Execution, Deployment" 中的 "Toolchains"。

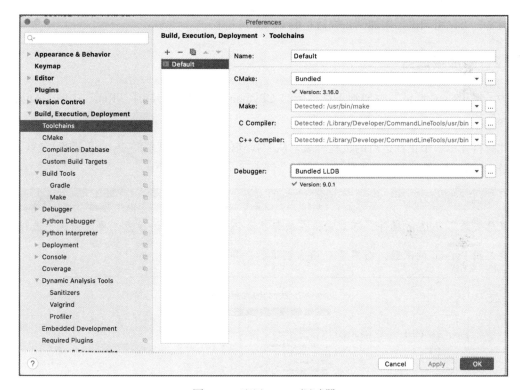

图 14-5　配置 CLion 调试器

"Debugger" 一栏有一个选择框，你可以为你的操作系统选择合适的调试器选项。

❑ macOS 系统：Bundled LLDB。

❑ Windows 系统或 Linux 系统：Bundled GDB。

重点

LLDB 选项和 GDB 选项可以分别从 cpython_lldb 扩展和 python-gdb 扩展中受益。关于如何安装和启用这些扩展的信息，请阅读 14.3 节和 14.4 节。

14.6.1   调试 make 应用程序

从 CLion 2020.2 开始,我们可以编译和调试任何基于 makefile 的项目,包括 CPython。

开始调试之前,请先完成 2.4 节中的步骤。

在完成这些步骤之后,你将得到一个 Make Application 目标。从顶部目录中选择"Run",然后选择"Debug",以启动进程并开始调试。

或者,可以将调试器附加到正在运行的 CPython 进程中。

14.6.2   附加调试器

为了将 CLion 调试器附加到正在运行的 CPython 进程中,请选择"Run"中的"Attach to Process"。

此时将弹出一个正在运行的进程列表。从中找到你要附加调试器的 Python 进程,然后选择"Attach",随后将启动一个调试会话。

> **重点**
>
> 如果你安装了 Python 插件,那么它将在顶部显示 Python 进程。请注意不要选择这个进程。
>
> 这会启用 Python 调试器,而不是 C 语言调试器,如图 14-6 所示。 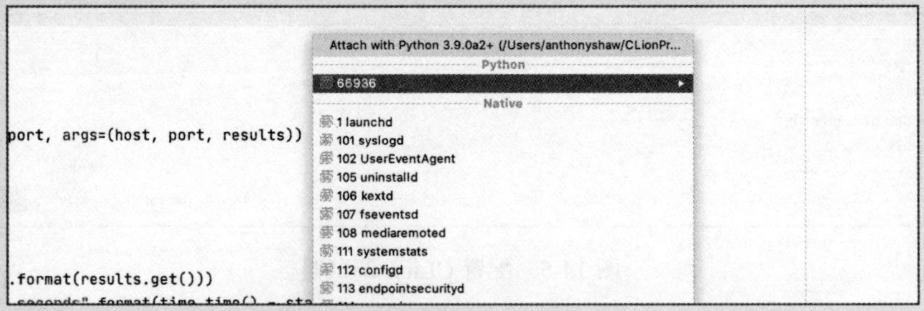
>
>
> 图 14-6   CLion 中的 Python 调试器
>
> 相反,你应该进一步向下滚动 Native 列表,找到正确的 Python 进程。

14.6.3   创建断点

要创建断点,请先找到所需的文件和行,然后点击行号和代码之间的空白处。此时将出现一个灰色圆点,表示断点已设置,如图 14-7 所示。

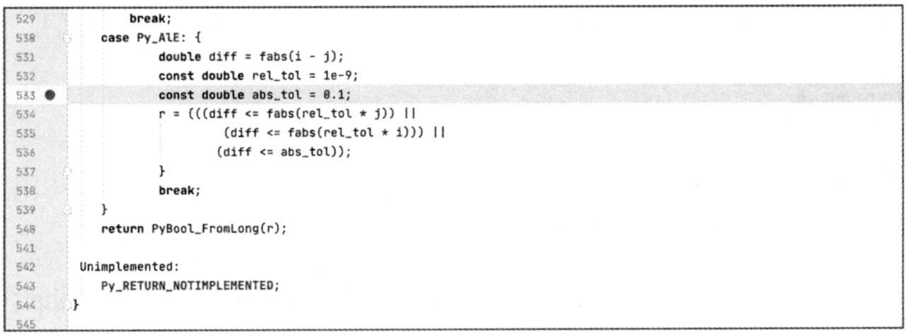

```
529         break;
538     case Py_ALE: {
531         double diff = fabs(i - j);
532         const double rel_tol = 1e-9;
533 ●       const double abs_tol = 0.1;
534         r = (((diff <= fabs(rel_tol * j)) ||
535               (diff <= fabs(rel_tol * i))) ||
536               (diff <= abs_tol));
537         }
538         break;
539     }
548     return PyBool_FromLong(r);
541
542 Unimplemented:
543     Py_RETURN_NOTIMPLEMENTED;
544     }
545
```

图 14-7　在 CLion 中设置断点

如图 14-8 所示，右键单击断点可以附加条件表达式。

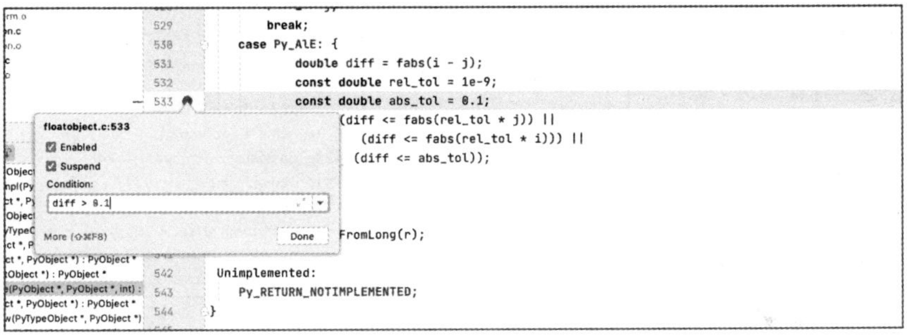

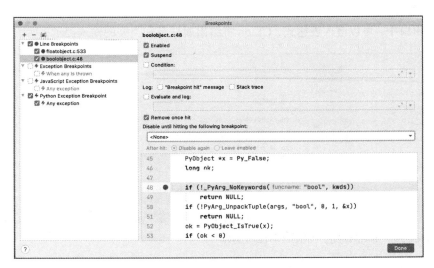

图 14-8　在 CLion 中设置条件断点

要查看和管理当前所有断点，请从顶部菜单中找到 "Run" 中的 "View Breakpoints"，如图 14-9 所示。

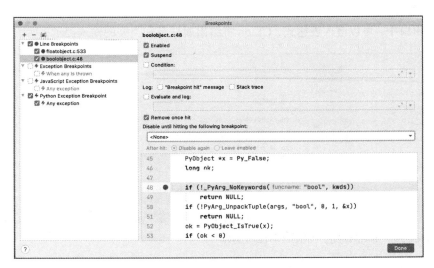

图 14-9　在 CLion 中管理所有断点

你既可以在这里直接启用或禁用断点，也可以在命中另一个断点后禁用它们。

14.6.4　处理断点

一旦命中一个断点，CLion 就会创建一个调试面板。在调试面板中有一个调用栈，它可以显示断点所在的位置。你也可以在调用栈中选择其他帧以在它们之间进行切换。

如图 14-10 所示，调用栈旁边是局部变量，你可以展开查看指针和类型结构的属性，简单类型的值将直接展示。

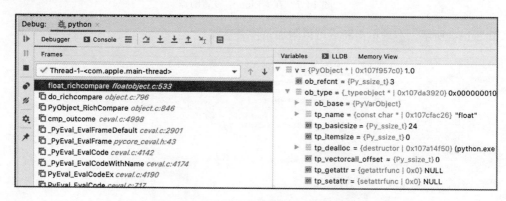

图 14-10　CLion 中的栈调用和变量信息

程序暂停时，你可以对表达式求值，以便获得有关局部变量的更多信息。可以先选择"Run"，然后选择"Debugging Actions"，再选择"Evaluate Expression"，或者通过调试窗口中的快捷方式图标找到求值窗口。

在求值窗口中，可以键入表达式，CLion 将给出属性名和类型的输入提示，如图 14-11 所示。

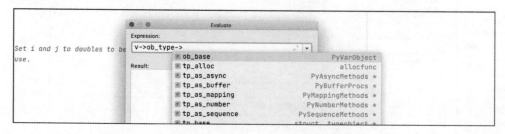

图 14-11　CLion 中的求值窗口

除此之外，还可以强制转换表达式。在 CPython 中将 PyObject* 强制转换为它的实际类型（PyFloatObject*）非常有用，如图 14-12 所示。

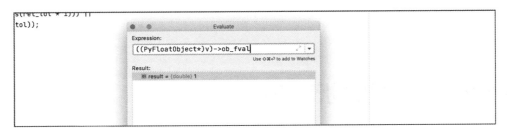

图 14-12 在 CLion 求值窗口中进行强制类型转换

14.7 小结

在本章中，你已经了解了如何在所有主流的操作系统上设置调试器。虽然最初的设置很耗时，但回报是巨大的。调试器可以为正在运行的 CPython 进程设置断点并探查其中的变量和内存，这将为你带来很大的便利。

你可以使用这些调试技巧来扩展 CPython、优化代码库的现有部分，或者定位令人讨厌的 bug。

第 15 章

基准测试、性能分析和追踪

在修改 CPython 的源代码时，你需要保证你的改动不会对性能产生显著的负面影响。你甚至可能会想要修改 CPython 以提高它的性能。

本章将介绍一些性能分析方案。

(1) 使用 timeit 模块将一些简单的 Python 语句执行数千次，以确定执行速度的中间值。

(2) 运行 pyperformance（一个 Python 基准测试套件）来比较多个 Python 版本的性能。

(3) 使用 cProfile 分析帧的执行时间。

(4) 使用探针（probe）分析 CPython 的执行性能。

任务类型不同，所选择的性能分析方案也会不同。

❏ **基准测试**将输出固定代码片段运行时间的平均值或中间值，这样你便可以比较多个 Python 运行时的性能。

❏ **性能分析器**将生成一个带有函数执行时间的调用图，这样你便可以了解哪个函数的执行速度最慢。

性能分析器可以在 C 语言层级或 Python 层级使用。如果你正在分析使用 Python 编写的函数、模块或脚本，那么就需要使用 Python 性能分析器。如果你正在分析 CPython 中的 C 语言扩展模块或对 C 语言代码的修改，那么就需要使用 C 语言性能分析器或组合使用 C 语言和 Python 的性能分析器。

表 15-1 是对一些可用工具的概括说明。

表 15-1　性能分析工具的分类

工　　具	类　　别	层　　级	支持的操作系统
timeit	基准测试	Python	所有
pyperformance	基准测试	Python	所有
cProfile	性能分析	Python	所有
DTrace	追踪/性能分析	C 语言	Linux 和 macOS

> **重点**
>
> 在运行任意基准测试之前，最好关闭计算机上的所有应用程序，以保证 CPU 可以专门用于基准测试。

15.1 使用 **timeit** 进行微基准测试

Python 基准测试套件是指对 CPython 运行时进行的多次全面测试。如果想对特定的代码片段进行快速、简单的对比，那么可以使用 timeit 模块。

要为短脚本运行 timeit，可以在执行编译后的 CPython 时附加 -m timeit 模块并将待执行的脚本放在引号中：

```
$ ./python -m timeit -c "x=1; x+=1; x**x"
1000000 loops, best of 5: 258 nsec per loop
```

如果只需要运行少量的循环，则可以使用 -n 标志。

```
$ ./python -m timeit -n 1000 "x=1; x+=1; x**x"
1000 loops, best of 5: 227 nsec per loop
```

timeit 示例

在本书中，你已经在支持约等于运算符时引入了对 float 类型的更改。

可以试着用下面的测试查看"比较两个浮点值"在当前运行环境下的性能：

```
$ ./python -m timeit -n 1000 "x=1.0001; y=1.0000; x~=y"
1000 loops, best of 5: 177 nsec per loop
```

这个比较操作的实现在 Objects ▶ floatobject.c 内部的 `float_richcompare()` 函数中：

Objects ▶ floatobject.c 的第 358 行

```
static PyObject*
float_richcompare(PyObject *v, PyObject *w, int op)
{
    ...
    case Py_AlE: {
            double diff = fabs(i - j);
            double rel_tol = 1e-9;
            double abs_tol = 0.1;
            r = (((diff <= fabs(rel_tol * j)) ||
                    (diff <= fabs(rel_tol * i))) ||
                    (diff <= abs_tol));
            }
            break;
    }
```

请注意，`rel_tol` 值和 `abs_tol` 值实际上是常量，但目前我们还未把它们标记为常量。现在将它们修改成以下内容：

```
const double rel_tol = 1e-9;
const double abs_tol = 0.1;
```

再次编译 CPython 并重新运行测试：

```
$ ./python -m timeit -n 1000 "x=1.0001; y=1.0000; x~=y"
1000 loops, best of 5: 172 nsec per loop
```

你可能注意到了，性能有小幅提升（1% ~ 5%）。你可以继续尝试不同的比较操作实现，看看是否可以进一步改进性能。

15.2 使用 Python 基准测试套件进行运行时基准测试

当你想要比较 Python 的整体性能时，可以使用 Python 基准测试套件。Python 基准测试套件是多个 Python 应用程序的集合，其被设计成可以在负载下测试 Python 运行时的多方面性能。

此基准测试套件的测试是针对纯 Python 语言的，因此它们可以用于测试不同的运行时，比如 PyPy 和 Jython。除此之外，它们还与最新版本的 Python 2.7 兼容。

任何提交到 github.com ▶ python ▶ cpython 主干分支的内容都会经过基准测试工具的测试，并将结果上传到 Python Speed Center，如图 15-1 所示。

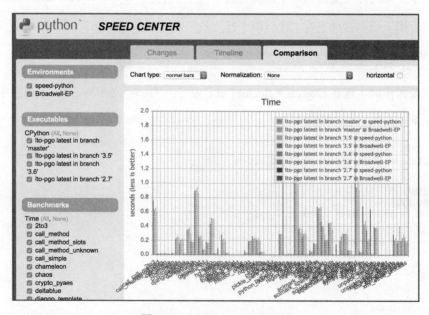

图 15-1　Python Speed Center

可以使用 Speed Center 逐一对比不同提交、分支和标签的性能。基准测试可以使用 PGO 或固定硬件配置进行定期构建以产生稳定的性能数据对比。

可以使用虚拟环境中的 Python 运行时（而不是正在测试的运行时）来从 PyPI 安装 Python 测试套件：

```
(venv) $ pip install pyperformance
```

接下来，你需要为性能测试创建配置文件和输出目录。建议在 Git 工作目录之外创建此目录，这样将允许你签出多个版本进行测试。

在以 ~ ▶ breferences ▶ benchmark.cfg 为例的配置文件中，可以添加以下行。

cpython-book-samples ▶ 62 ▶ benchmark.cfg

```
[config]
# Path to output json files
json_dir = ~/benchmarks/json

# If True, then compile CPython in Debug mode (LTO and PGO disabled),
# run benchmarks with --debug-single-sample, and disable upload.
#
# Use this option to quickly test a configuration.
debug = False

[scm]
# Directory of CPython source code (Git repository)
repo_dir = ~/cpython

# Update the Git repository (git fetch)?
update = False

# Name of the Git remote, used to create revision of
# the Git branch.
git_remote = remotes/origin

[compile]
# Create files in bench_dir:
bench_dir = ~/benchmarks/tmp

# Link-time optimization (LTO)?
lto = True

# Profile-guided optimization (PGO)?
pgo = True

# The space-separated list of libraries that are package only
pkg_only =

# Install Python? If False, then run Python from the build directory
install = True
```

```
[run_benchmark]
# Run "sudo python3 -m pyperf system tune" before running benchmarks?
system_tune = True

# --benchmarks option for 'pyperformance run'
benchmarks =

# --affinity option for 'pyperf system tune' and 'pyperformance run'
affinity =

# Upload generated JSON file?
upload = False

# Configuration to upload results to a Codespeed website
[upload]
url =
environment =
executable =
project =

[compile_all]
# List of CPython Git branches
branches = default 3.6 3.5 2.7

# List of revisions to benchmark by compile_all
[compile_all_revisions]
# List of 'sha1=' (default branch: 'master') or 'sha1=branch'
# used by the "pyperformance compile_all" command
```

15.2.1   执行基准测试

设置好配置文件后，可以使用以下命令来执行基准测试：

```
$ pyperformance compile -U ~/benchmarks/benchmark.cfg HEAD
```

这将在你指定的 repo_dir 目录中编译 CPython，并用基准测试数据在配置文件的指定目录中创建 JSON 格式的输出。

15.2.2   对比基准测试

如果想比较 JSON 结果，那么 Python 基准测试套件并没有自带图形化解决方案。但你可以在虚拟环境中使用以下脚本。

首先，安装依赖项：

```
$ pip install seaborn pandas pyperformance
```

然后，创建一个 profile.py 脚本：

cpython-book-samples ▶ 62 ▶ profile.py

```python
import argparse
from pathlib import Path
from perf._bench import BenchmarkSuite

import seaborn as sns
import pandas as pd

sns.set(style="whitegrid")

parser = argparse.ArgumentParser()
parser.add_argument("files", metavar="N", type=str, nargs="+",
                    help="files to compare")

args = parser.parse_args()

benchmark_names = []
records = []
first = True
for f in args.files:
    benchmark_suite = BenchmarkSuite.load(f)
    if first:
        # 将字典的键初始化为基准测试的名称
        benchmark_names = benchmark_suite.get_benchmark_names()
        first = False
    bench_name = Path(benchmark_suite.filename).name
    for name in benchmark_names:
        try:
            benchmark = benchmark_suite.get_benchmark(name)
            if benchmark is not None:
                records.append({
                    "test": name,
                    "runtime": bench_name.replace(".json", ""),
                    "stdev": benchmark.stdev(),
                    "mean": benchmark.mean(),
                    "median": benchmark.median()
                })
        except KeyError:
            # 异常的基准测试！忽略它
            pass

df = pd.DataFrame(records)

for test in benchmark_names:
    g = sns.factorplot(
        x="runtime",
```

```
            y="mean",
            data=df[df["test"] == test],
            palette="YlGnBu_d",
            size=12,
            aspect=1,
            kind="bar")
    g.despine(left=True)
    g.savefig("png/{}-result.png".format(test))
```

接下来，为了创建基准测试数据的可视化图，可以基于创建的 JSON 文件使用解释器运行以下脚本：

```
$ python profile.py ~/benchmarks/json/HEAD.json ...
```

这将在子目录 png/ 中为每个执行的基准测试生成一系列的可视化图形。

15.3　使用 cProfile 分析 Python 代码

标准库提供了两个用于 Python 代码的性能分析器。

(1) profile：一个纯 Python 语言的性能分析器。

(2) cProfile：一个用 C 语言编写且速度更快的性能分析器。

在大多数情况下，cProfile 是最好用的模块。

可以使用 cProfile 分析正在运行的应用程序，并收集已执行帧上的关键性能分析数据。你既可以在命令行上查看 cProfile 的概要输出，也可以将其保存到 .pstat 文件中，以便在外部工具中进行分析。

在第 10 章中，你已经用 Python 编写了一个端口扫描应用程序。现在可以尝试使用 cProfile 分析这个应用程序。

为了运行 cProfile 模块，请在命令行上附加 -m cProfile 参数，随后需要附加的参数是待执行的脚本。

```
$ python -m cProfile portscanner_threads.py
Port 80 is open
Completed scan in 19.8901150226593 seconds
        6833 function calls (6787 primitive calls) in 19.971 seconds

    Ordered by: standard name

    ncalls tottime  percall  cumtime  percall filename:lineno(function)
        2    0.000    0.000    0.000    0.000 ...
```

上述脚本的输出将以表 15-2 的列名作为表头，打印出一个性能数据表格。

表 15-2　cProfile 输出数据格式

列　　名	用　　途
ncalls	调用次数
tottime	在函数中花费的总时间（减去子函数）
percall	总时间 tottime 除以调用次数 ncalls 的商
cumtime	在函数中花费的总时间（包括子函数）
percall	总时间 cumtime 除以正常调用次数（不包括递归）的商
filename:lineno(function)	每个函数的数据

可以添加 -s 参数和列名来对某一列的输出结果进行排序：

```
$ python -m cProfile -s tottime portscanner_threads.py
```

此命令将根据在每个函数中花费的总时间对输出进行排序。

导出性能分析数据

可以使用 -o 参数再次运行 cProfile 模块，以指定输出文件的路径：

```
$ python -m cProfile -o out.pstat portscanner_threads.py
```

这条指令将创建一个名为 out.pstat 的文件，你可以使用 Stats 类或外部工具加载并分析该文件。

1. 使用 SnakeViz 可视化数据

SnakeViz 是一个免费的 Python 包，用于在 Web 浏览器中可视化性能分析数据。

要安装 SnakeViz，请使用以下 pip 指令：

```
$ python -m pip install snakeviz
```

然后在命令行上使用你创建的数据统计文件的路径执行 snakeviz：

```
$ python -m snakeviz out.pstat
```

这将打开你的浏览器，你可以在其中浏览和分析数据。例程的输出结果如图 15-2 所示。

2. 使用 PyCharm 可视化数据

PyCharm 中有一个用于运行 cProfile 和可视化结果的内置工具。如果你想执行这个工具，那么需要先配置一个 Python 目标。

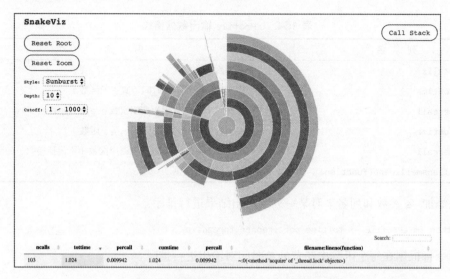

图 15-2 使用 SnakeViz 可视化数据

要运行性能分析器，请选择你的执行目标，然后从顶部菜单栏中选择 "Run"，再选择 "Profile(target)"。这将使用 cProfile 执行你的目标，并打开一个包含表格化数据和调用图的可视化窗口，如图 15-3 所示。

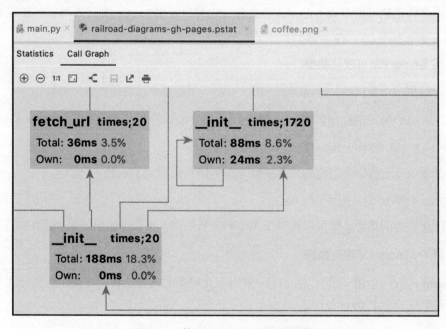

图 15-3 使用 PyCharm 可视化数据

15.4　使用 DTrace 分析 C 语言代码

CPython 源代码中包含了一些用于 DTrace 跟踪工具的标记。DTrace 可以执行编译后的 C/C++ 二进制文件，然后使用**探针**捕获并处理其中的事件。

为了让 DTrace 提供有意义的数据，编译后的应用程序必须将自定义的**标记**编译到应用程序中。这些是在运行时触发的事件。自定义标记可以附加在任意数据上以帮助我们跟踪这些数据。

例如，Python ▶ ceval.c 中的帧求值函数就包含了对 dtrace_function_entry() 的调用：

```
if (PyDTrace_FUNCTION_ENTRY_ENABLED())
    dtrace_function_entry(f);
```

每次进入函数时，都会在 DTrace 中触发一个名为 function__entry 的标记。

CPython 中的内置标记可用于跟踪：

❏ 单行执行；
❏ 函数入口和返回（帧执行）；
❏ 垃圾回收的开始和完成；
❏ 模块导入的开始和完成；
❏ 检查 sys.audit() 中的钩子事件。

这些标记中的每一个都有包含更多信息的参数。例如，function__entry 标记拥有以下参数：

❏ 文件名
❏ 函数名
❏ 行号

关于静态标记参数，可以查看其官方文档。

DTrace 可以执行用 D 语言编写的脚本文件，在触发探针时就可以执行这些自定义代码。你也可以根据探针的属性过滤掉它们。

15.4.1　相关源文件

与 DTrace 相关的源文件如表 15-3 所示。

表 15-3　与 DTrace 相关的源文件及其用途

文　件	用　途
Include ▶ pydrace.h	DTrace 标记的 API 定义
Include ▶ pydtrace.d	Python DTrace 提供者的元数据
Include ▶ pydtrace_probes.h	用于处理探针自动生成的头文件

15.4.2　安装 DTrace

DTrace 预装在 macOS 系统上，也可以使用任何一种包管理工具将它安装到 Linux 系统上。

以下是针对基于 YUM 的系统的命令：

```
$ yum install systemtap-sdt-devel
```

以下是针对基于 APT 的系统的命令。

```
$ apt-get install systemtap-sdt-dev
```

15.4.3　编译 DTrace 支持

DTrace 支持必须编译到 CPython 中，你可以使用 ./configure 脚本达成这一目的。

首先需要在第 3 章中你所使用的参数的基础上再添加 --with-dtrace 参数，并再次执行 ./configure。完成后，运行 make clean && make 重新构建二进制文件。

可以通过以下命令检查配置工具是否创建了探针头文件。

```
$ ls Include/pydtrace_probes.h
Include/pydtrace_probes.h
```

> **重点**
>
> 较新版本的 macOS 具有内核级别的保护，称为"系统完整性保护"（SIP），它会干扰 DTrace 的工作。
>
> 本章中的示例使用了 CPython 探针。如果你想包含 libc 探针或 syscall 探针来获取额外信息，那么就需要禁用 SIP。

15.4.4　使用 CLion 中的 DTrace

CLion IDE 包含了 DTrace 支持。要开始跟踪，请先选择"Run"，再选择"Attach Profiler To Process"，然后选择正在运行的 Python 进程。

性能分析器窗口将提示你去启动和停止跟踪会话。一旦跟踪完成，它将为你提供显示执行栈和其调用时间的火焰图、调用树和方法列表，如图 15-4 所示。

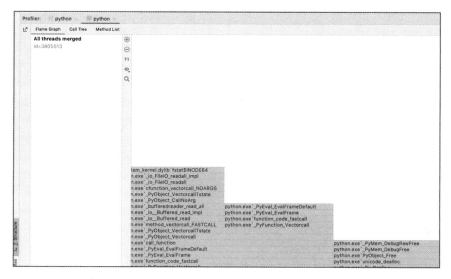

图 15-4 使用 CLion 中的 DTrace

15.4.5 DTrace 示例

在这个例子中，我们将测试在第 10 章中创建的多线程端口扫描程序。

首先需要创建一个用 D 语言编写的性能分析脚本 profile_compare.d。为了减少解释器启动时的干扰信息，此性能分析器将在进入 portscanner_threads.py:main() 后再启动：

cpython-book-samples ▸ 62 ▸ profile_compare.d

```
#pragma D option quiet
self int indent;
python$target:::function-entry
/basename(copyinstr(arg0)) == "portscanner_threads.py"
 && copyinstr(arg1) == "main"/
{
    self->trace = 1;
    self->last = timestamp;
}

python$target:::function-entry
/self->trace/
{
    this->delta = (timestamp - self->last) / 1000;
    printf("%d\t%*s:", this->delta, 15, probename);
    printf("%*s", self->indent, "");
    printf("%s:%s:%d\n", basename(copyinstr(arg0)), copyinstr(arg1), arg2);
    self->indent++;
    self->last = timestamp;
}
```

```
python$target:::function-return
/self->trace/
{
    this->delta = (timestamp - self->last) / 1000;
    self->indent--;
    printf("%d\t%*s:", this->delta, 15, probename);
    printf("%*s", self->indent, "");
    printf("%s:%s:%d\n", basename(copyinstr(arg0)), copyinstr(arg1), arg2);
    self->last = timestamp;
}

python$target:::function-return
/basename(copyinstr(arg0)) == "portscanner_threads.py"
 && copyinstr(arg1) == "main"/
{
    self->trace = 0;
}
```

每次执行函数时，此脚本都会打印一行数据，并统计函数从启动到退出所经历的时间。

执行 DTrace 时，需要附加脚本参数 -s profile_compare.d 和命令参数 -c './python portscanner_threads.py。

```
$ sudo dtrace -s profile_compare.d -c './python portscanner_threads.py'
0     function-entry:portscanner_threads.py:main:16
28    function-entry: queue.py:__init__:33
18    function-entry:  queue.py:_init:205
29   function-return:  queue.py:_init:206
46    function-entry:   threading.py:__init__:223
33   function-return:   threading.py:__init__:245
27    function-entry:   threading.py:__init__:223
26   function-return:   threading.py:__init__:245
26    function-entry:   threading.py:__init__:223
25   function-return:   threading.py:__init__:245
```

> **重点**
>
> 旧版本的 DTrace 可能没有 -c 选项，这种情况下就需要在独立的 shell 中分别运行 DTrace 和 Python 命令。

在输出中，第 1 列是自上次触发事件以来的时间增量（以微秒为单位），后面分别是事件名称、文件名和行号。当函数嵌套调用时，文件名将不断向右增加缩进。

15.5　小结

在本章中，你使用为 CPython 设计的许多工具探索了基准测试、性能分析和追踪。只有使用正确的工具，才能发现性能瓶颈、比较多个构建版本的性能，并找到改进性能的机会。

第16章

下一步计划

本章将介绍本书内容的 3 种可能用途。

(1) 编写 C 或 C++ 扩展模块。
(2) 改进 Python 应用程序。
(3) 为 CPython 项目做贡献。

第一个实际用途是可以使用 C 或 C++ 编写扩展模块。

16.1　为 CPython 编写 C 语言扩展模块

扩展 Python 功能的方法有好几种，其中之一是使用 C 或 C++ 编写 Python 模块。这种方法可以提高性能并且能更好地访问 C 语言库函数和系统调用。

如果你想编写一个 C 语言扩展模块，那么可以参考本书中涵盖的这些基础知识：

- ❑ 第 2 章中的如何为 C 语言设置开发环境；
- ❑ 第 3 章中的如何设置 C 语言编译器并编译 C 语言模块；
- ❑ 9.9 节中的如何增加和减少生成对象的引用计数；
- ❑ 11.3 节中的 `PyObject*` 是什么及其接口是什么；
- ❑ 11.4.1 节中的类型槽是什么以及如何从 C 语言访问 Python 类型的相关 API；
- ❑ 第 14 章中的如何为扩展模块的 C 语言源文件添加断点并对其进行调试。

16.2　改进 Python 应用程序

本书中涵盖的几个重要主题可以帮助你改进应用程序，以下是一些例子：

- ❑ 第 10 章中的使用并行技术和并发技术来减少应用程序的执行时间；
- ❑ 9.10 节中的通过在任务结束时进行垃圾回收自定义垃圾回收算法可以更好地处理应用程序中的内存；

- 第 14 章中的**使用调试器调试 C 语言扩展模块和分析问题**；
- 15.3 节中的**使用分析器分析代码的执行时间**；
- 8.5 节中的**分析帧执行以检查和调试复杂问题**。

16.3　为 CPython 项目做贡献

在 12 个月的时间里，CPython 发布了 12 个新的小版本、数百个更改和 bug 报告，以及数千个对源代码的提交。

CPython 是世界上最大、最有活力且最开放的软件项目之一。你在本书中获得的知识将使你在指引、理解和帮助改进 CPython 项目方面有一个巨大的领先优势。

CPython 社区渴望有更多的贡献者。但在提交对 CPython 的更改、改进或修复之前，你需要知道从哪里开始。以下是两点建议。

(1) 开发人员可以在 bugs.python.org 上创建分类问题。

(2) 解决描述良好的小问题。

下面我们来详细地探讨一下。

16.3.1　问题分类

所有 bug 报告和更改请求首先会被提交到 bugs.python.org[①]，也称"BPO"。这个网站是 CPython 项目的 bug 跟踪器。如果想在 GitHub 上提交一个拉取请求，那么你首先需要一个 **BPO 序号**，这是由 BPO 创建的问题序号。

开始之前，先点击左侧菜单中的"User"，再点击"Register"，来注册一个账号。

默认视图并不是特别有效，它同时显示了用户提出的问题和核心开发人员提出的问题，而这些问题可能已经被解决了。

登录后你可以直接跳转到左侧菜单中的"Your Queries"，然后点击"Edit"。此页面将为你提供一个可添加为书签的问题索引查询列表，如图 16-1 所示。

---

① Python 的问题单管理服务已于 2022 年 3 月从 bugs.python.org 迁移至 https://github.com/python/cpython/issues。

——译者注

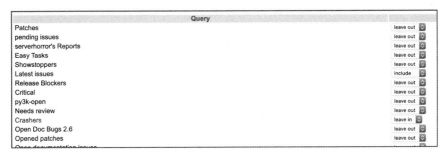

图 16-1　问题索引查询列表

可以将更改后的值保存到 leave in 中，以将这些查询包含在 Your Queries 菜单中。

以下是一些我个人觉得有用的查询。

- Easy Documentation Issues：尚未进行的文档改进。
- Easy Tasks：被确定为适合初学者的任务。
- Recently Created：最近创建的问题。
- Reports Without Replies：从未得到回复的 bug 报告。
- Unread：从未被读取的 bug 报告。
- 50 Latest Issues：最近更新的 50 个问题。

有了这些视图，就可以按照"问题分类"指南来了解评论问题的最新流程了。

16.3.2　创建一个拉取请求来修复问题

解决完一个问题后，你就可以开始创建一个修复拉取请求并将其提交给 CPython 项目。流程如下。

(1) 确保你有一个 BPO 序号。

(2) 在 CPython 的 fork 仓库上创建一个分支。有关下载源代码的步骤，请参阅第 1 章。

(3) 创建一个测试来重现问题。有关步骤，请参阅 13.5 节。

(4) 确保你的更改符合 PEP 7 风格指南和 PEP 8 风格指南。

(5) 运行回归测试套件以确认所有测试都通过。当你提交拉取请求时，回归测试套件将自动在 GitHub 上运行，但最好先在本地进行检查。有关步骤，请参阅第 13 章。

(6) 提交并将更改推送到 GitHub。

(7) 访问 github.com/python/cpython，并为你的分支创建一个拉取请求。

提交拉取请求后，它将由一个分类团队成员进行分类，并分配给核心开发人员或团队进行检视。

如前所述，CPython 项目需要更多的贡献者。从你提交更改到更改被检视之间的时间可能是一小时、一周或几个月。如果没有立即得到回应，请不要沮丧。大多数核心开发者是志愿者，他们倾向于批量检视或合并拉取请求。

> **重点**
>
> "每个拉取请求只修复一个问题"这一点非常重要。如果你在写补丁时在代码中看到一个单独的、不相关的问题，请记下这个问题并将其作为第二个拉取请求进行提交。

对问题、解决方案和修复进行良好的解释将有助于你的修改被快速合并。

16.3.3　其他贡献

除了修复 bug，你还可以对 CPython 项目进行一些不同类型的改进。

- ❑ 许多标准库函数和模块缺少单元测试。你可以写一些测试并提交给项目。
- ❑ 许多标准库函数没有最新的文档。你可以更新文档并提交更改。

16.4　继续学习

Python 之所以如此伟大，部分原因在于它的社区非常优秀。认识正在学习 Python 的人吗？帮帮他们！确认自己真正掌握了一个概念的唯一方法就是不断地向别人解释这个方法。

附录 A

面向 Python 程序员的 C 语言简介

本附录旨在让经验丰富的 Python 程序员了解 C 语言的基础知识并知道如何在 CPython 源代码中使用 C 语言。本附录会假设你对 Python 语法已经有了一定程度的理解。

这就是说，C 语言是一种相当有限的语言，它在 CPython 中的大部分用法属于一小部分语法规则。达到理解代码的阶段（第一个目标）要比能够有效地编写 C 语言（第二个目标）简单得多。本附录针对的是第一个目标，而不是第二个目标。

Python 和 C 语言之间最突出的一个区别是 C 语言预处理器。下面我们来看一下。

A.1　C 语言预处理器

顾名思义，预处理器要在编译器运行之前在源文件上运行。预处理器的能力非常有限，但在构建 C 语言程序时我们可以使用它们来发挥巨大的优势。

预处理器会生成一个新文件，这是编译器实际处理的文件。预处理器的所有命令都从行首开始，# 符号是第一个非空白字符。

预处理器的主要用途是在源文件中执行文本替换，但它也会使用 #if 或类似的语句来执行一些基本的条件代码。

让我们从最常见的预处理器指令开始：#include。

1. #include

#include 用于将一个文件的内容拉取到当前源文件中。#include 并不复杂。它从文件系统中读取文件，然后在该文件上运行预处理器，并将结果放入输出文件中。

如果查看 Modules ▶ _multiprocessing ▶ semaphore.c 文件，那么在文件顶部附近你将看到以下这行代码：

```
#include "multiprocessing.h"
```

上述代码会告诉预处理器去获取 `multiprocessing.h` 的全部内容，并将它们放到输出文件的同一位置上。

需要注意的是，`#include` 语句有两种形式。一种是使用引号（`""`）来指定所包含的文件名，另一种是使用尖括号（`<>`）来指定。两者之间的区别是在文件系统上查找文件时的搜索路径不同。

如果使用 `<>` 来指定文件名，那么预处理器将仅查看系统包含的文件。在文件名周围使用引号将强制预处理器首先查找本地目录，然后再回退到系统目录。

2. `#define`

`#define` 允许你执行简单的文本替换，并且可以在后面将要介绍的 `#if` 指令中发挥作用。

在最基本的情况下，`#define` 允许你定义一个新的符号，该符号将在预处理器输出中替换文本字符串。

仍然是在 semphore.c 文件中，你会发现这样的一行代码：

```
#define SEM_FAILED NULL
```

上述代码会告诉预处理器在将代码发送到编译器之前，用文本字符串 `NULL` 替换低于此行的 `SEM_FAILED` 的所有实例。

`#define` 项也可以在 Windows 系统特定版本的 `SEM_CREATE` 中使用参数：

```
#define SEM_CREATE(name, val, max) CreateSemaphore(NULL, val, max, NULL)
```

在这种情况下，预处理器将期望 `SEM_CREATE()` 看起来像一个函数调用，并有 3 个参数。这通常被称为**宏**。它可以直接将这 3 个参数的文本替换到输出代码中。

例如，在 semphore.c 中的第 460 行，`SEM_CREATE` 宏是这样使用的：

```
    handle = SEM_CREATE(name, value, max);
```

当你为 Windows 系统编译代码时，此宏将展开，这行代码看起来就像这样：

```
    handle = CreateSemaphore(NULL, value, max, NULL);
```

在后面的内容中，你将看到此宏在 Windows 系统和其他操作系统上的定义有所不同。

3. `#undef`

此指令将从 `#define` 中删除所有以前的预处理器定义。这使得 `#define` 仅对文件中的部分内容有效成为可能。

4. `#if`

预处理器还允许使用条件语句，允许根据某些条件包括或排除文本部分。你既可以使用

#endif 指令来关闭条件语句，也可以使用 #elif 和 #else 对条件语句进行微调。

在 CPython 源代码中，#if 有以下 3 种基本形式。

(1) 如果定义了指定的宏，那么#ifdef <macro> 就会包含后面的文本块。#ifdef <macro>也可以写成 #if defined(<macro>)的形式。

(2) 如果**没有**定义指定的宏，那么#ifndef <macro> 就会包含后面的文本块。

(3) 如果定义了指定的宏**并且**求得的值为 True，那么#if <macro> 就会包含后面的文本块。

这里要注意的是，应该使用"文本"而不是"代码"来描述文件中所包含或排除的内容。这是因为预处理器对 C 语言语法一无所知，也不关心指定的文本是什么。

5. #pragma

#pragma 是编译器的指令或提示。一般来说，可以在阅读代码时忽略这些内容，因为它们通常用于处理代码如何编译，而非如何运行。

6. #error

#error 可以显示一条消息，并导致预处理器停止执行。同样，我们在阅读 CPython 源代码时可以安全地忽略这些内容。

A.2　C 语言基础语法

本节不会涵盖 C 语言的**所有**内容，也不打算教你如何编写 C 语言。我们将重点介绍 C 语言的不同方面，或者在 Python 开发人员第一次看到它时感到困惑的方面。

A.2.1　通用知识

与 Python 不同，空白字符对 C 语言编译器并不重要。编译器不在乎你是跨行拆分语句，还是把整个程序都塞进一个很长的行中。这是因为它对所有语句和块都使用分隔符。

当然，解析器有非常具体的规则，但一般来说，只要知道每个语句以分号（;）结尾，以及所有代码块都用花括号（{}）包围，你就能理解 CPython 源代码。

此规则的例外情况是，如果块只有一条语句，那么就可以省略花括号。

C 语言中的所有变量都必须被**声明**，这意味着需要有一条语句来表示该变量的**类型**。请注意，与 Python 不同，单个变量可以容纳的数据类型不能更改。

来看一些例子：

```
/* 这里是一个注释 */
/* 注释可以跨多行
   所以这一行也是注释 */

// 这也是注释的一种格式
// 这种风格的注释只能局限于这一行
// 因此新的注释要重新以"//"开头

int x = 0; // 声明 x 是 int 类型并将其初始化为 0

if (x == 0) {
    // 这里是一个代码块
    int y = 1;  // y 的作用域仅限于代码块内}
    // 更多语句
    printf("x is %d y is %d\n", x, y);
}

// 单行块不需要花括号
if (x == 13)
    printf("x is 13!\n");
printf("past the if block\n");
```

一般来说，你看到的 CPython 代码格式是非常整洁的，并且通常在给定的模块中会坚持单一风格。

A.2.2　if 语句

if 语句在 C 语言中的工作方式通常与在 Python 中相同。如果条件为 true，那么就执行下面的代码块。Python 程序员应该非常熟悉 else 语法和 elseif 语法。请注意，C 语言中的 if 语句不需要使用 endif，因为代码块会由 {} 来分隔。

if...else 语句在 C 语言中的简写形式被称为**三元运算符**：

```
condition ? true_result : false_result
```

你可以在 semaphore.c 中找到它，对 Windows 系统而言，它定义了 SEM_CLOSE() 宏：

```
#define SEM_CLOSE(sem) (CloseHandle(sem) ? 0 : -1)
```

如果函数 CloseHandle() 返回 true，那么此宏的返回值就为 0，否则为 -1。

重点

虽然部分 CPython 源代码支持使用布尔变量类型，但布尔变量类型并不是原始语言的一部分。C 语言可以使用简单的规则来解释二进制条件：0 或 NULL 为 False，其他一切都为 True。

A.2.3　`switch` 语句

与 Python 不同，C 语言还支持 switch 语句。使用 switch 语句可以作为扩展 if...else 语句的一种语法糖。下面的示例来自 semaphore.c 文件：

```
switch (WaitForSingleObjectEx(handle, 0, FALSE)) {
case WAIT_OBJECT_0:
    if (!ReleaseSemaphore(handle, 1, &previous))
        return MP_STANDARD_ERROR;
    *value = previous + 1;
    return 0;
case WAIT_TIMEOUT:
    *value = 0;
    return 0;
default:
    return MP_STANDARD_ERROR;
}
```

这将基于 WaitForSingleObjectEx() 的返回值执行切换。如果该值为 WAIT_OBJECT_0，那么就会执行第一个代码块。如果该值为 WAIT_TIMEOUT，那么就会执行第二个代码块，其他任何内容都与 default 代码块相匹配。

需要注意的是，switch 中的值会被测试校验。在本例中，来自 WaitForSingleObjectEx() 的返回值必须是整数值或枚举类型，并且每一个 case 语句都必须是常量值。

A.2.4　循环

C 语言中有 3 种循环结构：

❑ for 循环
❑ while 循坏
❑ do ... while 循环

下面我们按顺序来学习一下这些循环结构。

C 语言中的 for 循环语法与 Python 中完全不同。

```
for ( <initialization>; <condition>; <increment>) {
    <code to be looped over>
}
```

除了在循环体中要有可执行的代码，还有 3 个代码块控制着 for 循环。

(1) 当循环启动时，<initialization> 部分正好运行一次。它通常用于将循环计数器设置为初始值（可能还用于声明循环计数器）。

(2) 每次通过循环的主代码块后，<increment> 代码都会立即运行。一般情况下，这将增加循环计数器的数量。

(3) <condition> 在 <increment> 之后运行。需要计算此代码的返回值，当此条件返回 false 时，循环将中断。

下面是 Modules ▸ sha512module.c 中的一个示例：

```
for (i = 0; i < 8; ++i) {
    S[i] = sha_info->digest[i];
}
```

此循环将运行 8 次，i 会从 0 递增到 7，当 i 为 8 不满足条件时此循环将终止。

实际上，C 语言中的 while 循环与 Python 中对应的循环相同。但是，do...while 语法有点儿不同。直到第一次执行循环体之后 while 循环才会检查 do...while 循环中的条件。

CPython 代码库中有许多 for 循环和 while 循环的实例，但是没有用到 do..while 循环。

A.2.5　函数

C 语言中函数的语法与 Python 中函数的语法相似，只是必须指定返回类型和参数类型。C 语言的语法是这样的：

```
<return_type> function_name(<parameters>) {
    <function_body>
}
```

返回类型可以是 C 语言中的任何有效类型，包括内置类型（如 int 和 double）和自定义类型（如 PyObject），如来自 semaphore.c 文件中的以下代码所示：

```
static PyObject *
semlock_release(SemLockObject *self, PyObject *args)
{
 <statements of function body here>
}
```

在这里，可以看到，一些 C 语言相关的特性正在发挥作用。首先，你需要记住的是，空白字符并不重要。CPython 源代码的大部分内容会将函数的返回类型放在函数声明的上方。这就是 PyObject * 部分。稍后，我们将仔细研究 * 的用法，但现在重要的是要知道，在函数和变量上可以放置一些修饰符。

static 就是这些修饰符之一。另外，还有一些用于管理修饰符的操作方式的复杂规则。例如，这里的 static 修饰符的含义与将其放在变量声明前面有很大的差异。

幸运的是，在尝试阅读和理解 CPython 源代码时，通常可以忽略这些修饰符。

函数的参数列表是一个以逗号分隔的变量列表，类似于我们在 Python 中使用的参数列表。不过 C 语言会要求每个参数的具体类型，因此 SemLockObject *self 表示第一个参数是指向 SemLockObject 的指针，称为"self"。请注意，C 语言中的所有参数都是位置参数。

让我们来看看该语句的"self 指针"部分是什么意思。

为了给出一些上下文，传递给 C 语言函数的参数都是按值传递的，这意味着函数会在调用函数中的值的副本（而不是原始值）上操作。为了解决这个问题，函数会传入一些函数本身可以修改的数据的地址。

这些地址被称为"**指针**"，并具有类型，因此 int * 是指向整数值的指针，但它与 double * 类型不同，double * 是指向双精度浮点数的指针。

A.2.6　指针

如上所述，指针是保存值地址的变量。C 语言中会经常使用指针，如下面的示例所示：

```
static PyObject *
semlock_release(SemLockObject *self, PyObject *args)
{
 <statements of function body here>
}
```

在这里，self 参数将保存 SemLockObject 值的地址或指向 SemLockObject 值的指针。另外，请注意，该函数将返回指向 PyObject 值的指针。

在 C 语言中，有一个名为 NULL 的特殊值，它表示指针不指向任何值。在整个 CPython 源代码中，你都可以看到分配给 NULL 并根据 NULL 进行检查的指针。需要注意的一点是，指针的值几乎没有限制，而且访问不属于程序的内存位置可能会导致非常奇怪的行为。

另外，如果尝试访问 NULL 的内存，那么你的程序将立即退出。这不是一个很好的应用实践，但访问 NULL 通常比修改随机内存地址更容易找出内存漏洞。

A.2.7　字符串

C 语言没有字符串类型。于是，C 语言中的字符串会被存储为 char（对 ASCII 而言）值或 wchar（对 Unicode 而言）值的数组，每个值都包含一个字符。字符串用**空终止符**标记，其值为 0，通常在代码中显示为\0。

像 strlen()这样的基本的字符串操作通常会依赖空终止符来标记字符串的结尾。

因为字符串只是值的数组，所以我们不能直接复制或比较它们。标准库中的 strcpy() 函数和 strcmp() 函数（及其 wchar "表亲"）可用于执行这些操作以及更多的操作。

A.2.8　结构体

我们这场 C 语言迷你之旅的最后一站是如何在 C 语言中创建新的类型：**结构体**。struct 关键字可以将一组不同的数据类型组合在一起，形成一个新的自定义数据类型：

```
struct <struct_name> {
    <type> <member_name>;
    <type> <member_name>;
    ...
};
```

Modules ▶ arraymodule.c 中的部分示例展示了一个 struct 声明：

```
struct arraydescr {
    char typecode;
    int itemsize;
    ...
};
```

这将创建一个名为 arraydescr 的新数据类型，它有许多成员，其中前两个是 char typecode 和 int itemsize。

结构体通常会被用作 typedef 的一部分，typedef 为结构体名提供了一个简单的别名。在上面的示例中，新类型中的所有变量都必须使用全名 struct arraydescr x;进行声明。

你会经常看到这样的语法：

```
typedef struct {
    PyObject_HEAD
    SEM_HANDLE handle;
    unsigned long last_tid;
    int count;
    int maxvalue;
    int kind;
    char *name;
} SemLockObject;
```

这将创建一个新的自定义结构类型，并将其命名为 SemLockObject。要声明此类型的变量，可以简单地使用别名 SemLockObject x;。

A.3　小结

到目前为止，我们已经结束了对 C 语言语法的快速浏览。虽然这种描述勉强触及 C 语言的"皮毛"，但我们现在已经有足够的知识来阅读和理解 CPython 源代码了。